高等职业教育教材

化学分析

祁芬兰　拉　毛　主编
马占梅　主审

化学工业出版社
·北京·

内容简介

《化学分析》以化工厂岗位工作典型案例为任务，引出知识及技能，遵循“知识源于生产一线，技术服务生产一线”的原则，范围涵盖化工、食品、医药、环保等领域。结合企业标准、岗位职能、知识基础、学生认知及“1+X 证书”、技能大赛等要求编写教材，旨在开发“岗课赛证”融通的新型教材。

本教材主要讲述酸碱滴定、配位滴定、氧化还原滴定、沉淀滴定等容量分析和重量分析，配有思维导学帮助学生有效学习。本书在理论知识的基础上设置实验内容，实验内容以岗位工作设计情景，并融入多维度的考核评价，帮助学生认识到自己的长处与不足，及时改进和提升，且加入“匠心铸魂”的课程思政元素，培养学生的爱国情怀和工匠精神。本书还配套二维码数字资源，扫描后即可观看视频动画。

本教材内容新颖，通俗易懂，可作为高等职业院校化工类、食品类、医药类、环保类等专业的教学用书，适合学生课前预习、课中学习、课后复习，又适用于学生的取证考试，还可作为企业的培训教材以及工作岗位的参考资料。

图书在版编目（CIP）数据

化学分析 / 祁芬兰，拉毛主编. 一北京：化学工业出版社，2024. 9

ISBN 978-7-122-42545-4

Ⅰ. ①化… Ⅱ. ①祁…②拉… Ⅲ. ①化学分析 - 教材 Ⅳ. ① O65

中国版本图书馆 CIP 数据核字（2022）第 212767 号

责任编辑：刘心怡　　装帧设计：关　飞

责任校对：杜杏然

出版发行：化学工业出版社

（北京市东城区青年湖南街 13 号　邮政编码 100011）

印　　装：中煤（北京）印务有限公司

787mm × 1092mm　1/16　印张 $14^1/_4$　字数 291 千字

2025 年 1 月北京第 1 版第 1 次印刷

购书咨询：010-64518888　　售后服务：010-64518899

网　　址：http : //www.cip.com.cn

凡购买本书，如有缺损质量问题，本社销售中心负责调换。

定　　价：46.00 元

前言

化学分析是高等职业教育分析检验技术专业的核心课程之一，也是检验检测技术人员的必备职业技能之一。本教材的编写按照高职高专分析检验技术专业人才培养方案的要求，结合企业生产典型案例，与企业技术人员共同开发，遵循“校企共同育人”的理念。

教材采用“学习情境 -模块 -任务 -岗位实训”的编写体例，面向化工、食品、医药、环保等领域，以化验员职业岗位需求为导向，针对化学分析检验员完成相关典型任务的实际工作过程，参照化验员分析检验岗位职业资格标准和技能要求及工作素养，按照“知识源于生产一线，技术服务生产一线”的原则，合理进行知识、技能的解构与重构，突出职业综合能力的培养。

本教材主要讲述化学分析法，误差及数据处理，酸碱滴定、配位滴定、氧化还原滴定、沉淀滴定等容量分析和重量分析。根据《“十四五”职业教育规划教材建设实施方案》中提出的“坚持马克思主义指导地位，将马克思主义立场、观点、方法贯穿教材始终，体现党的理论创新最新成果特别是习近平新时代中国特色社会主义思想，体现中国和中华民族风格，体现人类文化知识积累和创新成果，全面落实课程思政要求，弘扬劳动光荣、技能宝贵、创造伟大的时代风尚”“鼓励专业课程教材以真实生产项目、典型工作任务等为载体，体现产业发展的新技术、新工艺、新规范、新标准，反映人才培养模式改革方向，将知识、能力和正确价值观的培养有机结合，适应专业建设、课程建设、教学模式与方法改革创新等方面的需要”，我们做了以下尝试：

1. 以工作岗位典型任务及任务实施为情境，解构重构教学内容，科学合理地设计工作任务，将理论与技能有机融合，使教、学、做一体化。

2. 内容遵循“岗课赛证”融通的原则，课程内容中加入“岗位小助手”以及历年国家技能大赛的相关试题，在学习知识的同时帮助学生了解职业技能等级证考核要点、技能大赛赛项动态及今后工作岗位必备知识技能。

3. 项目后以“匠心铸魂”的形式引出课程思政元素，在学习知识及技能的同时，培养学生的爱国情怀及工匠精神，弘扬劳动光荣、技能宝贵、创造伟大的时代风尚。

4. 任务实施环节采用了“学生自评 -小组自评 -教师评价”多维度评价的模式，帮助学生认识到自己的长处与不足，并能及时改进和提升。

本教材既适合作为高等职业院校化工类、食品类、医药类、环保类等专业的教学用书，又适用于学生的取证考试，还可作为企业的培训教材以及工作岗位的参考资料。需要说明的是，不同专业对于化学检验知识的要求不同，任课教师可结合实际情况取舍相关内容。

本教材由青海柴达木职业技术学院祁芬兰、拉毛任主编，由青海柴达木职业技术学院多杰措、青海省盐化工产品质量监督检验中心赵枝刚任副主编。具体编写分工如下：祁芬兰编写学习任务二、学习任务三、学习任务五及学习任务八，拉毛编写学习任务一、学习任务六及学习任务七，祁芬兰和拉毛、多杰措共同完成学习任务四的编写，附录由青海省盐化工产品质量监督检验中心赵枝刚整理完成。在本教材的编写中，青海柴达木职业技术学院的马占梅在百忙之中进行了认真的审阅，并提出了许多宝贵的意见，为本书增色不少，也使编者受益匪浅。在此向其表示衷心的感谢。

由于编者水平有限，书中疏漏之处在所难免，恳请使用本书的各校师生和读者批评指正，谨此致谢！

编者

2024 年 4 月

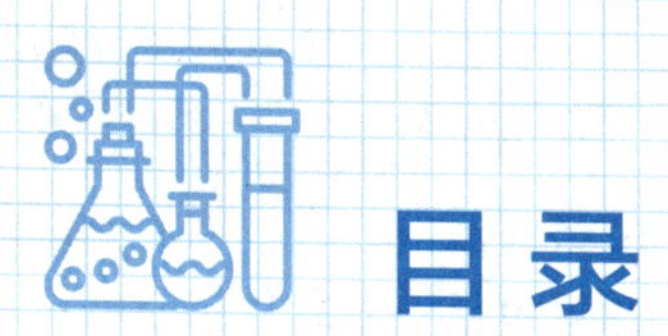

目录

学习任务六　氧化还原滴定法 / 119

学习任务七　沉淀滴定法 / 158

学习任务八　重量分析法 / 179

附录 / 200

参考文献 / 221

学习任务一

认识分析化学

【案例引入】

广西巴马瑶族自治县是世界上五个长寿村之一，这里的长寿老人很多，1990 年第四次人口普查时该县有 1958 位 80 ～ 99 岁老人，69 位百岁以上的寿星，年龄最大的为 135 岁。巴马县人长寿与地理、气候、环境有密切的关系。巴马的可滋泉水为天然弱碱性水（pH 值在 7.2 ～ 8.5 之间），富含丰富矿物质和微量元素如镁、硒、铬、锌、磷等，氧化还原电位低。

讨论：作为分析检验类专业学生你会怎样检测生活饮用水呢？

【思维导学】

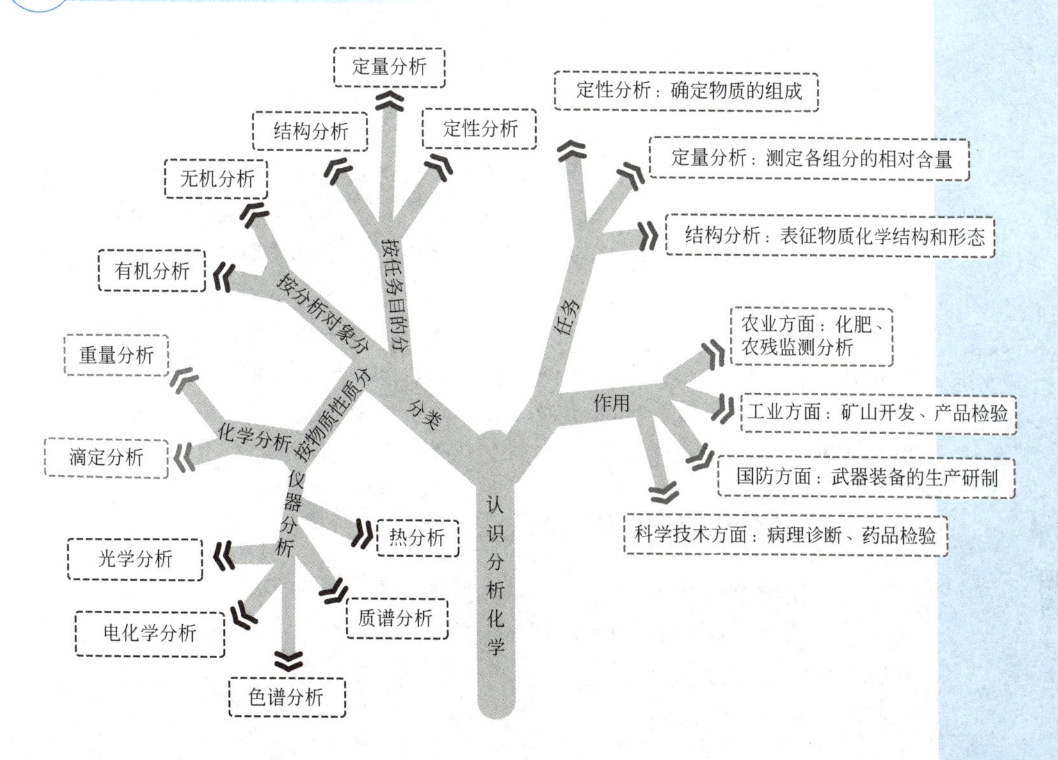

【职业综合能力】

1. 掌握分析化学的定义、任务及分类，每一个任务具体实施目标等内容。

2. 了解分析化学在不同领域所起的作用，熟悉分析化学在日常生活中的应用。

3. 掌握分析化学在不同方面的主要分类，了解分析化学分类原则。

4. 对分析化学建立初步的认识，培养职业素养。

一、分析化学的任务和作用

分析化学概述

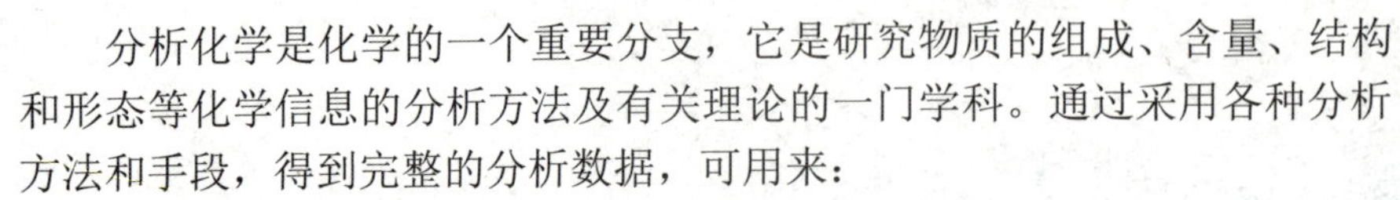

分析化学是化学的一个重要分支，它是研究物质的组成、含量、结构和形态等化学信息的分析方法及有关理论的一门学科。通过采用各种分析方法和手段，得到完整的分析数据，可用来：

确定物质的组成——定性分析；

测定各组分的相对含量——定量分析；

表征物质化学结构和形态——结构分析。

分析化学是研究物质及其变化规律的重要方法之一，它在涉及化学现象的各个学科中都发挥着重要的作用，例如：矿物学、地质学、生理学、医学、农学、物理学、生物学、环境科学、能源科学等。

分析化学在四个现代化建设中起着广泛的作用：

（1）农业方面　如土壤成分及性质的测定，化肥、农药的分析，作物生长过程的研究都离不开分析化学。

（2）工业方面　有“工业眼睛”之称。从资源的勘探到矿山的开发、原料的选择、流程控制、新产品试制、产品检验、“三废”处理及利用等都必须依赖分析结果作依据。

（3）国防方面　武器装备的生产和研制及犯罪活动的侦破等，也需分析化学的配合。

（4）科学技术方面　分析化学的作用已远远超出了化学领域，它在生命科学、材料科学、能源科学、环境科学、生物学等方面起着不可取代的作用，如：病理诊断、药品的检测、环境的监测等都需要分析化学的配合。

分析化学是许多专业特别是化工、食品类专业的重要基础课，也是一门实践性很强的学科，通过本课程的学习，要求学生掌握分析化学的基本原理，树立准确“量”的概念，正确、熟练地掌握分析化学基本操作，自觉养成严谨的科学态度和良好的工作习惯。

二、分析化学的分类及特点

化学分析概述

分析化学不仅应用广泛，它所采用的方法也多种多样。多年来，人们从不同的角度，如根据分析工作的目的、任务、对象方法和原理的不同对分析方法进行了分类。

1. 根据分析的目的和任务分

（1）定性分析　鉴定物质是由哪些元素、原子团、官能团或化合物所组成的。

（2）定量分析　测定物质中有关组分的含量。

（3）结构分析　了解化合物的分子结构和晶体结构。

2. 根据分析的对象（分析对象的化学属性）分

（1）无机分析　分析的对象是无机物。

（2）有机分析　分析的对象是有机物。

3. 按分析时所依据的物质的性质（或测定的原理）分

（1）化学分析　以物质所发生的化学反应为基础。

① 重量分析　通过化学反应及一系列操作，使试样中的待测组分转化为另一种纯的、固定化学组成的化合物，再称量该化合物的质量从而计算出待测组分的含量。

② 滴定分析　将已知浓度的试剂溶液滴加到待测物质溶液中（或将待测物质溶液滴加到已知浓度的试剂溶液中），使其与待测组分（或已知浓度的试剂溶液）恰好完全反应，根据加入试剂的量（浓度与体积），计算出待测组分含量。

例如：用 $AgNO_3$ 溶液滴定 Cl^-。若根据 n_{AgNO_3}（cV）求 Cl^- 的量则为滴定分析，若根据 AgCl 的量计算 Cl^- 量则为重量分析。化学分析法通常用于高含量或中含量组分（即待测组分在 1% 以上的）的测定。

（2）仪器分析　借助仪器，以物质的物理或物理化学性质为依据的分析方法。由于这类方法通常需要使用较特殊的仪器，故得名“仪器分析”。其具体分类如表 1-1 所示。

表 1-1　可用于分析目的的物理性质及仪器分析方法的分类

方法的分类	被测物理性质	相应的分析方法
光学分析方法	光辐射的发射	发射光谱法（X 射线、紫外光、可见光等）、火焰光度法、荧光光谱法（X 射线、紫外光、可见光）、磷光光谱法、放射化学法
	光辐射的吸收	分光光度法（X 射线、紫外光、可见光、红外线）、原子吸收法、核磁共振波谱法、电子自旋共振波谱法
	光辐射的散射	浊度法、拉曼光谱法
	光辐射的折射	折射法、干涉法
	光辐射的衍射	X 射线衍射法、电子衍射法
	光辐射的旋转	偏振法、旋光色散法、圆二色谱法
电化学分析法	半电池电位电导电流 - 电压特性、电量	电位分析法、电位滴定法 电导法 极谱分析法 库仑法（恒电位、恒电流）
色谱分析法	两相间的分配	气相色谱法、液相色谱法
热分析法	热性质	热导法、热焓法
质谱分析法	质荷比	质谱法

4. 根据分析时所需试样的量分

根据分析时所需试样的量的分类如表 1-2 所示。

表 1-2 根据分析时所需试样的量的分类

方　法	试样质量	试液体积
常量分析	> 0.1g	> 10mL
半微量分析	10 ~ 100mg	1 ~ 10mL
微量分析	0.1 ~ 10mg	0.01 ~ 1mL
超微量分析	< 0.1mg	< 0.01mL

5. 按所分析的组分在试样中的相对含量（含量高低）分

（1）常量组分分析（主量分析）　组分含量> 1%。

（2）微量组分分析（次主量分析）　组分含量为 0.01% ~ 1%。

（3）痕量组分分析（痕量分析）　组分含量< 0.01%。

6. 按分析工作性质分

（1）例行分析　是指一般化验室日常生产中的分析，又称常规分析。快速分析是例行分析的一种，主要用于生产过程控制。如炼钢厂炉前快速分析要求尽量短时间内报出结果，允许分析误差较大。

（2）仲裁分析　是指不同单位对分析结果有争论时，要求有关单位用指定的方法进行准确分析，它要求较高的准确度。

匠心铸魂

生活中的分析化学

在我们的日常生活中，分析检测的作用无处不在。你知道吗？这都是分析化学的功劳。蔬菜、水果、零食都是经过层层农药、添加剂检测才能食用。衣服要经过染色脱色等多项复杂工艺才能穿。每天敷的面膜、抹在脸上的化妆品中的重金属也是经过分析化学检测的。就连去医院检查的时候也要经过分析检验步骤才能拿到最终的检查结果。总之，分析化学的存在让我们的生活变得更加安全、更加丰富、更加有保障。

看到这里，你是否对分析化学心生敬意？看到这里，你是否急切地想学习分析化学？其实，分析化学来源于生活，服务于生活。作为当代大学生，我们要紧跟时代步伐，合理规划大学生涯，牢记习近平总书记对我们提出的“新时代的中国青年要以实现中华民族伟大复兴为己任，增强做中国人的志气、骨气、底气，不负时代，不负韶华，不负党和人民的殷切希望”，做有志、有为、有德的青年。

趣味驿站

新型冠状病毒核酸检测中的分析化学

新型冠状病毒核酸检测是检测是否感染新型冠状病毒的重要手段。那么，新型冠状病毒核酸检测的原理是什么呢？

病毒非常小，在普通光学显微镜下看不到，肉眼更是无法直接观察到。但每种病毒都有其独特的基因序列，通过检测病人体内的病毒核酸，就可判断病人体内是否存在病毒。现在的病毒核酸检测试剂盒，多数采用荧光定量PCR方法。检测原理就是以病毒独特的基因序列为检测靶标，通过PCR扩增，使我们选择的这段靶标DNA序列指数级增加，每一个扩增出来的DNA序列，都可与我们预先加入的一段荧光标记探针结合，产生荧光信号，扩增出来的靶基因越多，累积的荧光信号就越强。而没有病毒的样本中，由于没有靶基因扩增，因此就检测不到荧光信号增强。所以，核酸检测，其实就是通过检测荧光信号的累积来确定样本中是否有病毒核酸。核酸检测结果的准确与否，不仅与试剂盒自身的检测准确性有关，也跟检测样本采集的时机和检测样本的类型密切相关。首先，采样时机很重要，如果病人刚吃过饭、刷过牙，咽部的病毒被清洗掉了，这时候去采集，即使是阳性病人，核酸检测也容易出现阴性结果。所以，有经验的医护人员，通常会要求病人在采集呼吸道样本前别喝水、别吃饭。检测结果还跟待测样本的类型有关。同一病人同一时间采集的不同部位样本，检测结果差别也会很大。从疫情出现至今，在目前检测的新型冠状病毒感染病人样本中，通常肺部灌洗液和痰液中的病毒核酸量高于鼻、咽等呼吸道拭子，而呼吸道拭子中的病毒核酸量会远远高于血液。另外，随着病程的不断变化，病人体内的病毒量也在动态变化。所以确实会有不同时间采样检测结果不同的情况。

【巩固与练习】

1-1　简述分析化学的定义、任务和作用。

1-2　化学分析法有什么特点？

1-3　仪器分析法有什么特点？

1-4　分析化学有哪些分类？

1-5　分析化学在我们日常生活中有哪些应用？请你来谈一谈。

学习任务二

认识滴定分析法

【案例引入】

古时候，有一个算命先生来到一个村庄，他和村民说，他的“法力”高超，能够算出大家最近的运势，还能为运势不好的村民化解霉运，为村民排忧解难。一位村民想去试一下，只见算命先生拿出一盆“清水”，一会儿村民洗过手的“清水”变成了“红水”，算命先生大声喊道“你有血光之灾”，村民连忙请求大师为他驱除霉运，大师在拿到钱后，用自己的“法力”让“红水”恢复为原来的清水，最后算命大师赚得盆满钵满后离开了。

讨论：同学们，你们能看出其中的问题并能解释是什么原因吗？

【思维导学】

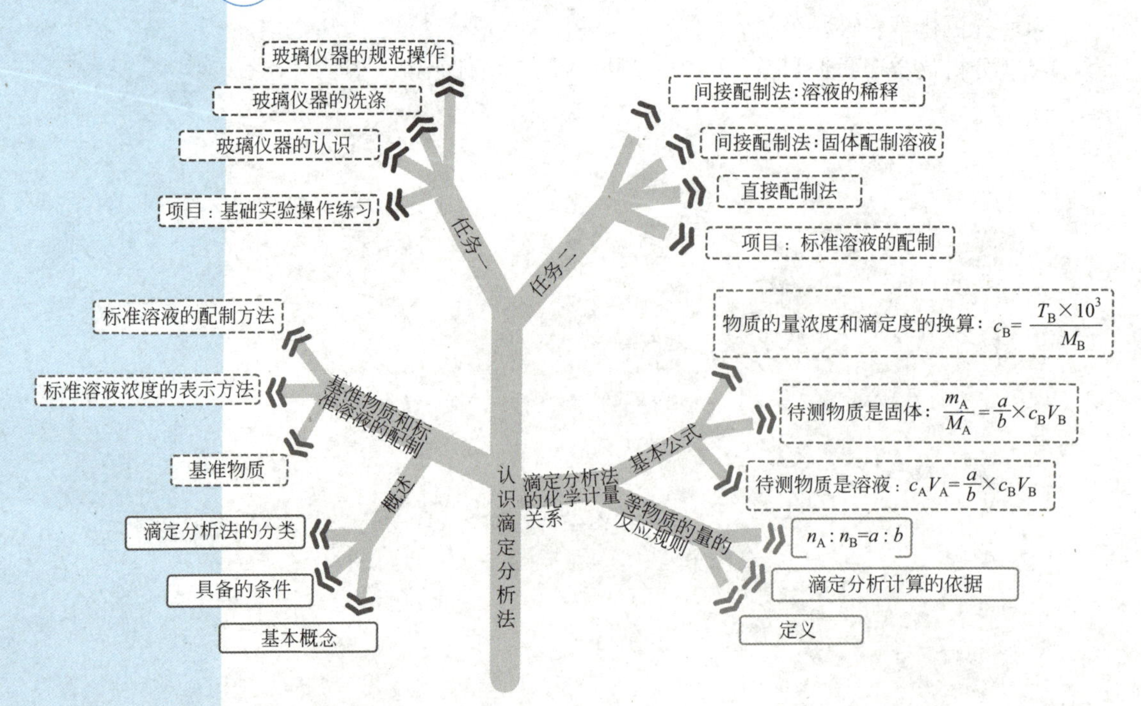

【职业综合能力】

1. 理解滴定分析的基本概念和滴定分析法分类，了解滴定分析法特点。

2. 掌握滴定分析法对化学反应的要求和常用的几种滴定方式。

3. 掌握基准物质具备的条件和标准溶液浓度的表示方法及标准溶液的配制，并能分析滴定的误差来源和进行分析结果的计算。

任务准备

学习单元一　滴定分析法概述

滴定分析法概述

滴定分析法是根据化学反应进行分析的方法。由于这种测定方法以测量体积为基础，所以又被称为容量分析法。这种分析方法所使用的仪器简单，操作方便、快速，滴定误差一般在 ±0.1% 左右，适用于被测组分含量为 1% 以上的常量分析。运用滴定分析法可以实现对有机物和无机物的快速测定。

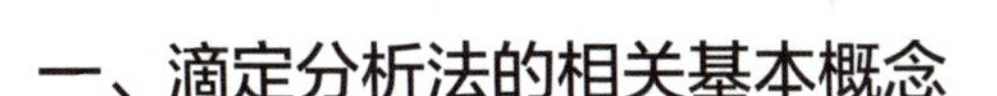

一、滴定分析法的相关基本概念

（1）滴定分析法　将已知准确浓度的标准溶液，滴加到被测溶液中（或者将被测溶液滴加到标准溶液中），直到所加的标准溶液与被测物质按化学计量关系定量反应为止，然后测量标准溶液（或者被测溶液）消耗的体积，根据标准溶液的浓度和所消耗的体积，算出待测物质的含量，这种定量分析的方法称为滴定分析法，它是一种简便、快速和应用广泛的定量分析方法，在常量分析中有较高的准确度。

（2）标准溶液　准确滴加到被测溶液中的标准溶液，在滴定分析中，称为滴定液（滴定剂）。

（3）滴定　滴定分析时将标准溶液通过滴定管逐滴加到锥形瓶中进行测定，这一过程称为滴定。滴定分析，以及滴定分析法即因此而得名。

（4）化学计量点　当滴加滴定剂的量与被测物质的量之间，正好符合化学反应式所表示的化学计量关系时，即滴定反应达到化学计量点，该点简称等当点。

（5）指示剂　指示化学计量点到达而能改变颜色的一种辅助试剂。

（6）滴定终点　在等当点时，没有任何外部特征，而必须借助于指示剂变色来确定停止滴定的点，即把这个指示剂变色点称为滴定终点，简称终点。

（7）滴定误差　滴定终点与等当点往往不一致，由此产生的误差，称为滴定误差。

二、适合滴定分析的化学反应应该具备的条件

① 反应必须按方程式定量地完成，通常要求在 99.9% 以上，这是定量计算的基础。

② 反应能够迅速地完成（有时可加热或用催化剂以加速反应）。

③ 共存物质不干扰主要反应，或用适当的方法消除其干扰。

④ 有比较简便的方法确定计量点（指示滴定终点）。

三、滴定分析法的分类

滴定分析法分类

1. 根据反应类型分

滴定分析法中，根据标准溶液和待测组分间的反应类型的不同，分为四类：

（1）酸碱滴定法　以质子传递反应为基础的一种滴定分析方法。可用于测定酸、碱和两性物质。

$$H_3O^+ + OH^- \rightleftharpoons H_2O + H_2O$$

$$H_3O^+ + A^- \rightleftharpoons HA + H_2O$$

（2）配位滴定法　以配位反应为基础的一种滴定分析方法。可用于测定金属离子。若用 EDTA 作配位剂，则反应为：

$$M^{n+} + Y^{4-} \longrightarrow MY^{(4-n)-}$$

（3）氧化还原滴定法　以氧化还原反应为基础的一种滴定分析方法。可直接或间接测定许多无机物和有机物。如重铬酸钾法测铁。如高锰酸钾法测双氧水中 H_2O_2 的含量，反应式如下：

$$2KMnO_4 + 5H_2O_2 + 3H_3SO_4 \longrightarrow K_2SO_4 + 2MnSO_4 + 8H_2O + 5O_2$$

（4）沉淀滴定法　以沉淀反应为基础的一种滴定分析方法。主要有银量法，用于测定卤素离子、Ag^{2+}、Ba^{2+} 等，如银量法测定 Cl^- 的反应式如下：

$$Ag^+ + Cl^- \longrightarrow AgCl\downarrow \text{（白色）}$$

2. 根据滴定方式分

也可按照滴定方式的不同，分为以下四类：

（1）直接滴定法　用标准滴定溶液直接滴定被测物质的方法。例如用 NaOH 标准滴定溶液可直接滴定 HAc、HCl、H_2SO_4 等试样；用 $KMnO_4$ 标准滴定溶液可直接滴定 $C_2O_4^-$ 等；用 EDTA 标准滴定溶液可直接滴定 Ca^{2+}、Mg^{2+} 等金属离子。直接滴定法是最常用、最基本的滴定方式，简便、快速、引入的误差小。凡能满足滴定分析要求的反应都可以用直接滴定法，否则采用以下方法。

（2）返滴定法（又称回滴法）　先向待测物质中准确加入一定量的过量标准溶液与其充分反应，然后再用另一种标准溶液滴定剩余的前一种标准溶液，最后根据反应中所消耗的两种标准溶液的浓度和体积，求出待测物质的含量，这种滴定方式称为返滴定法。此滴定方式中用到的两种标准溶液，一种过量加入，一种用于返滴定过量的标准溶液，适用于滴定

反应速率慢、需要加热或直接滴定无合适指示剂的反应。如 Al^{3+} 的测定，EDTA 与 Al^{3+} 反应慢，先加入过量的 EDTA 标准溶液与 Al^{3+} 反应，反应完全后再用 Zn^{2+} 标准滴定溶液滴定剩余的 EDTA 标准溶液。

（3）置换滴定法　先加入适当的试剂与待测组分定量反应，生成另一种可滴定的物质，再利用标准溶液滴定此生成物，这种滴定方式称置换滴定法。如漂白粉中有效氯的测定，因有效氯不仅能将 $S_2O_3^{2-}$ 氧化成 $S_4O_6^{2-}$，还会将一部分 $S_2O_3^{2-}$ 氧化成 SO_4^{2-}，因此没有一定的化学计量关系，无法计算。若在样品的酸性溶液中加入过量的 KI，则发生反应：

$$Cl_2+2I^- \longrightarrow 2Cl^-+I_2$$

生成的 I_2 可用 $Na_2S_2O_3$ 标准溶液滴定：

$$I_2+2S_2O_3^{2-} \longrightarrow 2I^-+S_4O_6^{2-}$$

（4）间接滴定法　不能与滴定剂直接反应的被测物质有时利用间接滴定法即可顺利地测出它的含量。如 Ca^{2+} 不能与 $KMnO_4$ 反应，但可先将 Ca^{2+} 定量地转化为 CaC_2O_4 沉淀，经过滤、洗涤，用 H_2SO_4 溶解酸化后，即可用 $KMnO_4$ 标准溶液滴定 $H_2C_2O_4$，间接测出 Ca^{2+} 的含量。

学习单元二　基准物质和标准溶液的配制

一、基准物质

用于直接配制标准溶液或标定滴定分析中标准滴定溶液浓度的物质称为基准物质。基准物质须具备以下条件。

① 组成恒定　实际组成与化学式相符；

② 纯度高　一般纯度应在 99.9% 以上；

③ 性质稳定　保存和称量过程中不分解、不吸湿、不分化、不易被氧化等；

④ 具有较大的摩尔质量　称取质量大，称量误差小；

⑤ 使用条件下易溶于水（或稀酸、稀碱）。

常用的基准物质，虽然符合上述条件，但由于储存及微量杂质等因素的影响会带来一定误差，因而使用前都要经过一定的处理。处理方法及条件随基准物质的性质及杂质种类而不同，具体见表 2-1。基准物质除配制成标准溶液外，更多的是用来确定未知溶液的准确浓度。

基准物质

表 2-1　常用的基准物质及其性质

滴定方式	标准溶液	基准物质	优缺点
酸碱滴定	HCl	Na_2CO_3	便宜，易得纯品，易吸湿
		$Na_2B_4O_7 \cdot 10H_2O$	易得纯品，不易吸湿，摩尔质量大，易风化失去结晶水
	NaOH	$C_6H_4 \cdot COOH \cdot COOK$	易得纯品，不吸湿，摩尔质量大
		$H_2C_2O_4 \cdot 2H_2O$	便宜，结晶水不稳定，纯度不理想

续表

滴定方式	标准溶液	基准物质	优缺点
配位滴定	EDTA	金属 Zn 或 ZnO	纯度高，稳定，既可在 pH=5～6 又可在 pH=9～10 下使用
氧化还原滴定	$KMnO_4$	$Na_2C_2O_4$	易得纯品，稳定，无显著吸湿
	$K_2Cr_2O_7$	$K_2Cr_2O_7$	易得纯品，非常稳定，可直接配制标定
	$Na_2S_2O_3$	$K_2Cr_2O_7$	易得纯品，非常稳定，可直接配制标定
	I_2	升华碘	纯度高，易挥发，水中溶解度很小
		As_2O_3	能得纯品，产品不吸湿，有剧毒
沉淀滴定	$AgNO_3$	$AgNO_3$	易得纯品，应防止光照及有机物污染
		NaCl	易得纯品，易吸湿

二、标准溶液浓度的表示方法

标准溶液浓度常用物质的量浓度和滴定度表示。

1. 物质的量浓度

溶液中所含物质 B 的物质的量 n 除以溶液的体积 V 即为物质 B 的物质的量浓度，简称浓度，单位为 mol/L。

$$c_B=\frac{n_B}{V}$$

2. 滴定度

滴定度有两种表示方法：

① 指每毫升滴定液中所含溶质的质量（g/mL），以 T_B 表示。例如 T_{HCl}=0.003646g/mL，表示 1mL 盐酸溶液中含有 0.003646g 盐酸。

② 指每毫升滴定液相当于被测物质的质量（g/mL），以 $T_{B/A}$ 表示。式中 B 表示滴定液的化学式，A 表示被测物质的化学式。例如 $T_{HCl/NaOH}$=0.004000g/mL，表示用 HCl 滴定液滴定 NaOH 试样，每 1mL HCl 溶液恰能与 0.004000g NaOH 完全反应。若已知滴定度，再乘以滴定中所消耗滴定液的体积，就可以计算出被测物质的质量。公式表示为：

$$m_A=T_{B/A}V_B$$

三、标准溶液的配制方法

标准溶液的配制方法有两种，即直接配制法和间接配制法（标定法）。

标准溶液的配制

1. 直接配制法

准确称取一定质量的纯物质，溶解后，定量转移到容量瓶中，加水稀释到标线，根据称取物质的质量和容量瓶的容积，即可算出溶液的浓度。

如称取基准物质 $Na_2B_4O_7 \cdot 10H_2O$ 1.2035g 以水溶解后，定量转移至 250mL 容量瓶中，定容，摇匀。其准确浓度为：

$$c_{Na_2B_4O_7 \cdot 10H_2O}=\frac{m_{Na_2B_4O_7 \cdot 10H_2O}}{M_{Na_2B_4O_7 \cdot 10H_2O}V_{Na_2B_4O_7 \cdot 10H_2O}}=\frac{1.2035}{381.37\times250\times10^{-3}}=0.01262\ (\text{mol/L})$$

直接配制法简单方便，但许多化学试剂由于不纯和不易提纯，或在空气中不稳定等因素，不能用直接配制法配制标准溶液，只有具备基准物质条件的化学试剂才能用来直接配制。

2. 间接配制法

有很多物质不符合基准物质的条件而不能直接配制成滴定液，可将其配制成一种接近于所需浓度的溶液，再用基准物质或其他滴定液来测定它的准确浓度。这种利用基准物质或已知准确浓度的溶液，来确定滴定液浓度的操作过程称为标定。

按具体步骤可分为称量法和移液管法。

（1）称量法　准确称取若干份少量的基准物质，分别溶解，分别用待标定溶液滴定，然后用每份基准物质的质量与待标定溶液的体积计算浓度，取浓度的平均值，作为该溶液的准确浓度。这种方法称量基准物质的份数较多，随机误差易发现，但称量时间长。

（2）移液管法　准确称取一份较大量的基准物质，溶解后，于容量瓶中准确稀释到一定体积，摇匀，用移液管分取数份，分别用待标定溶液滴定，由基准物质的质量与待标定溶液的体积计算浓度。这种方法节省称量时间，但是随机误差不易发现，基准物质用量也较多，并且要求使用校准过的移液管和容量瓶。

匠心铸魂

质变是量变的结果

在滴定分析中，不断将滴定液加入待测液中，当达到化学计量点附近，加入1滴滴定液就会使溶液的pH值发生大幅度变化，如用0.1000mol/L NaOH溶液滴定20.00mL的同浓度HCl溶液，从开始滴定到V_{NaOH}=19.98mL，溶液的ΔpH仅为3.30，而计量点前后仅加入了0.04mL（不到一滴），溶液pH值就从4.30骤然跃升到9.70，改变了5.40，在滴定曲线上表现为突跃，量变引起了质变，质变是量变的逐渐积累和必然结果。量变是逐渐的、不显著的变化，而质变是一种飞跃，往往表现为突变。同学们，在平时的学习中有可能你会觉得烦闷，周而复始地学习，却总感觉不到知识的用处，但是不积跬步，无以至千里，不积小流，无以成江海。无论是学习、兴趣爱好还是梦想，只要坚持下去，总会有质变的一天。

趣味驿站

卡尔·费休滴定法改变世界

卡尔·费休（Karl Fischer）滴定法，简称K-F法。1935年由卡尔·费休提出的测定水分的定量方法，属于碘量法，是测定水分最为准确的化学方法。多年来，许多分析工作者对此方法进行了较为全面的研究，在试剂的稳定性、滴定方法、计量点的指示及各类样品的应用和仪器操作的自动化等方面，有许多改进，使该方法日趋成熟与完善。

该法广泛地应用于各种液体、固体及一些气体样品中水分含量的测定，也常作为水分痕量级标准分析方法，也可用此法校正其他的测定方法。在食品分析中，采用适当的预防措施后能用于含水量从1μg/g到接近100%的样品的测定，已应用于面粉、砂糖、人造奶油、可可粉、糖蜜、茶叶、乳粉、炼乳及香料等食品中水分的测定，结果的准确度优于直接干燥法，也是测定脂肪和油品中痕量水分的方法。

学习单元三　滴定分析法的化学计量关系

一、等物质的量的反应规则

在滴定分析中，滴定到达化学计量点时，被测组分的基本单元的物质的量等于所消耗的标准滴定溶液的基本单元的物质的量。

对任一滴定反应：

$$aA \quad + \quad bB \longrightarrow cC$$

（滴定液）（待测液）（生成物）

当滴定达到化学计量点时，$a$mol A 和 $b$mol B 恰好完全反应，即

$$n_A : n_B = a : b \quad n_A = \frac{a}{b} n_B \text{ 或 } n_B = \frac{b}{a} n_A$$

式中，a/b 或 b/a 为反应方程式中两物质计量数之比，称为换算因数。

二、滴定分析计算的基本公式和计算实例

1. 待测物质是溶液的计算实例

若待测物质是溶液，其浓度为 c_A，滴定液的浓度为 c_B，到达化学计量点时，两种溶液消耗的体积分别为 V_A 和 V_B。根据滴定分析计算依据可得：

$$c_A V_A = \frac{a}{b} \times c_B V_B$$

此式可用于被测溶液浓度的计算，还可用于溶液稀释的计算。

【例2-1】 滴定25.00mL $KMnO_4$ 溶液，需用 $c_{H_2C_2O_4}=0.2500$mol/L 的 $H_2C_2O_4$ 溶液26.50mL，求 $c_{\frac{1}{5}KMnO_4}$、c_{KMnO_4}。

解： $5H_2C_2O_4+2KMnO_4+3H_2SO_4 = 2MnSO_4+10CO_2+K_2SO_4+8H_2O$

$$n_{\frac{1}{5}KMnO_4} = n_{\frac{1}{2}H_2C_2O_4}$$

$$c_{\frac{1}{5}KMnO_4} V_{KMnO_4} = 2c_{H_2C_2O_4} V_{H_2C_2O_4}$$

$$c_{\frac{1}{5}KMnO_4} = \frac{2 \times 0.2500 \times 26.50}{25.00} = 0.5300 \text{ (mol/L)}$$

$$c_{KMnO_4}=\frac{1}{5}\times c_{\frac{1}{5}KMnO_4}=0.1060\ (mol/L)$$

2. 待测物质是固体的计算实例

若待测物质是固体，配制成溶液被滴定至化学计量点时，消耗滴定液的体积为 V_B，则

$$\frac{m_A}{M_A}=\frac{a}{b}\times c_B V_B$$

式中，M_A 的单位采用 g/mol 时，m_A 的单位是 g，V 的单位采用 L，但在定量分析中体积用 mL 作单位，则上式可表达为

$$\frac{m_A}{M_A}=\frac{a}{b}\times c_B V_B\times 10^{-3}$$

【例 2-2】配制近似 0.1mol/L HCl 溶液，用硼砂标定，称取硼砂（$Na_2B_4O_7\cdot 10H_2O$）0.4853g，已知化学计量点时消耗盐酸溶液 24.75mL，求盐酸溶液的物质的量浓度。

解：$2HCl+Na_2B_4O_7\cdot 10H_2O = 2NaCl+4H_3BO_3+5H_2O$

$$n_{HCl}=2n_{Na_2B_4O_7\cdot 10H_2O}$$

$$c_{HCl}V_{HCl}=2\times\frac{m_{Na_2B_4O_7\cdot 10H_2O}}{M_{Na_2B_4O_7\cdot 10H_2O}}$$

$$c_{HCl}=2\times\frac{0.4853}{381.37\times 24.75\times 10^{-3}}=0.1028\ (mol/L)$$

【例 2-3】称取 0.3000g 草酸（$H_2C_2O_4\cdot 2H_2O$）溶于适量水后，用 0.2mol/L KOH 滴定液滴定至终点，问大约消耗此溶液多少毫升？

解：$H_2C_2O_4+2KOH = K_2C_2O_4+2H_2O$

$$n_{KOH}=2n_{H_2C_2O_4}$$

$$V_{KOH}=\frac{b}{a}\times\frac{m_{H_2C_2O_4\cdot 2H_2O}\times 10^3}{c_{KOH}M_{H_2C_2O_4\cdot 2H_2O}}$$

$$=\frac{2}{1}\times\frac{0.3000\times 1000}{0.2\times 126.1}\approx 24\ (mL)$$

3. 物质的量浓度和滴定度的换算

滴定度 T_B 是指 1mL 滴定液所含溶质的质量，因此，$T_B\times 10^3$ 为 1L 滴定液所含溶质的质量，则物质的量浓度 c_B 为

$$c_B=\frac{T_B\times 10^3}{M_B}$$

【例 2-4】已知 NaOH 的浓度为 0.1000mol/L，试计算（1）T_{NaOH}；（2）T_{NaOH/H_2SO_4}。

解：（1）$T_{NaOH}=\dfrac{c_{NaOH}M_{NaOH}}{1000}=\dfrac{0.1000\times 40.00}{1000}=4.000\times 10^{-3}g/mL$

（2）$H_2SO_4+2NaOH═Na_2SO_4+2H_2O$

$$n_{NaOH}=2n_{H_2SO_4}$$

$$T_{NaOH/H_2SO_4}=\frac{a}{b}\times c_{NaOH}\times M_{H_2SO_4}\times 10^{-3}$$

$$=\frac{1}{2}\times 0.1000\times 98.08\times 10^{-3}=4.904\times 10^{-3}$$

4. 待测物质含量的计算

设称取试样的质量为 $m_{样}$，被测物的质量为 m_A，则被测物在试样中的质量分数为

$$w_A=\frac{m_A}{m_{样}}\times 100\%=\frac{\frac{a}{b}\times c_B V_B M_A\times 10^{-3}}{m_{样}}\times 100\%$$

若滴定液的浓度用滴定度 $T_{B/A}$ 表示时，则

$$w_A=\frac{T_{B/A}V_B}{m_{样}}\times 100\%$$

【例 2-5】一工业浓碱液，取 2.00mL 加蒸馏水稀释后，用 c_{HCl}=0.1000mol/L 标准溶液滴定消耗 35.00mL，求工业浓碱液含 NaOH 的质量浓度。

解：$HCl+NaOH═NaCl+H_2O$

$$n_{NaOH}=n_{HCl}$$

$$\frac{m_{NaOH}}{M_{NaOH}}=c_{HCl}V_{HCl}$$

$$\rho_{NaOH}=\frac{m_{NaOH}}{V_{试液}}=\frac{c_{HCl}V_{HCl}M_{NaOH}}{V_{试液}}$$

$$=\frac{0.1000\times 35.00\times 10^{-3}\times 40.00}{2.00\times 10^{-3}}\times 100\%=70.0\text{（g/L）}$$

岗位小帮手

滴定计算常用公式

待测物状态	计算公式	注意事项
待测物质是溶液	$c_A V_A=\frac{a}{b}\times c_B V_B$	可用于溶液稀释的计算

续表

待测物状态	计算公式	注意事项
待测物质是固体	$\frac{m_A}{M_A}=\frac{a}{b}\times c_B V_B$	可用于固体配制成溶液或者用固体基准试剂标定标准溶液
物质的量浓度和滴定度的换算	$c_B=\frac{T_B\times 10^3}{M_B}$	适用于已知溶液滴定度的计算
待测物质含量的测定	$w_A=\frac{\frac{a}{b}\times c_B V_B M_A\times 10^{-3}}{m_{样}}\times 100\%$	用于待测物质含量的计算

匠心铸魂

“两弹”元勋——邓稼先

1964年10月16日，新疆罗布泊上空，中国第一次将原子核裂变的巨大火球和蘑菇云升上了戈壁荒漠上空，西方列强的“核讹诈”从此落空……外界鲜有人知的是，为模拟原子弹爆炸的计算，“两弹”元勋邓稼先曾带着他的科研团队，走遍全国的四家计算所，并最终在上海的华东计算所（中电科三十二所前身）完成计算。邓稼先，这位著名的核物理学家，曾获美国普渡大学物理学博士学位。由于他的年轻、聪明、正直、淳朴，在科学界有娃娃博士、娃娃科学家之称。1958年，中国唯一的核武器研究所刚刚筹建时，他就被调入任理论部主任，负责领导核武器的理论设计并开展轰爆物理、流体力学、状态方程、中子输运等基础理论研究，对原子弹的物理过程进行了大量的模拟计算和分析，由于当时条件简陋，没有先进的计算设备，好多计算只能用算盘、手算完成，草稿堆积如山。在这么困难的情况下，他和他的同事们一起克服重重困难，成功地爆炸了第一颗氢弹，为打破超级大国的核垄断，增强国防力量，保卫世界和平作出了不可磨灭的贡献。他担任第九研究院院长后，更致力于核武器的改进、发展工作。他尊重科学，实事求是，从理论设计、计算验证、加工组装、实验测试到定型生产，总是尽力深入第一线考察了解情况，遇到重大问题，无不亲临现场指挥、处理。他常常在关键时刻，不顾个人安危，出现在最危险的岗位上，充分体现了身先士卒，奋不顾身，勇担风险的崇高献身精神。

趣味驿站

E级超算时代，谁能称王？

2019年11月，新一期全球超级计算机500强榜单在美国丹佛发布，相比半年前的榜单前十名排名，最新榜单前十排名并未发生改变，还是由美国能源部下属劳伦斯利弗莫尔国家实验室开发的“山脊”、中国超算“神威·太湖之光”、中国超算“天河二号”排在二、三、四位。夺冠的“顶点”则由美国能源部下属橡树岭国家实验室开发，浮点运算速度达到了每秒14.86亿亿次，与半年前的速度相同。

榜单显示，联想、中科曙光以及浪潮位居全球超算制造商的前三位。从总算力上来看，美国超算占比37.1%，中国超算占比32.3%；半年前，美国超算占比38.4%，中国超算占比29.9%。由此可见，总算力上中国与美国的差距正在进一步缩小。

其实中美两国在超算领域的追逐已经持续了数年，此前中国的“神威·太湖之光”曾多次夺得了冠军，而美国的“顶点”则是首次登顶之后连续四次夺得了冠军，不过“顶点”和“神威·太湖之光”的运算速度优势并没有进一步扩大。

夺冠的“顶点”浮点运算速度达到了每秒14.86亿亿次，而在未来，E级超算将会成为超算领域的新战场。E级超算也就是百亿亿次超算，从“顶点”的14.86亿亿次浮点运算速度到百亿亿次，中间有着巨大的发展空间，中美两国也高度重视E级超算，且早已开始布局。我国已启动了E级计算机研发计划，“天河三号”就是计划的一部分。据悉计划整体分为两期启动，第一期的任务是研究“E级计算机关键技术”、研制三台E级原型样机；第二期的任务则是具体研制E级计算机。

国家超级计算天津中心传来消息，我国自主研发的新一代百亿亿次级超级计算机“天河三号”E级原型机已经完成研制部署，并且顺利通过了分项验收。不仅如此，“天河三号”还采用了三种国产自主高性能计算和通信芯片，分别是“迈创”众核处理器、高速互连控制器和互连接口控制器。另外，包括四类计算、存储和服务结点，计算处理、高速互连、并行存储、服务处理等硬件分系统，以及系统操作、并行开发、应用支撑和综合管理等软件分系统，均是我国自主设计。

按照计划，我国将打造出完全自主的“天河三号”E级超级计算机，运算能力相比“天河一号”能够提升200倍。

任务实施

任务一　基础实验操作练习

【任务描述】

化学实验常用的仪器中，大部分为玻璃制品和一些瓷质类仪器。瓷质类仪器包括蒸发皿、布氏漏斗、瓷坩埚、瓷研钵等。玻璃仪器种类很多，按用途大体可分为容器类、量器类和其他仪器类。容器类包括试剂瓶、烧杯、烧瓶等。量器类有量筒、移液管、滴定管、容量瓶等。其他仪器类包括具有特殊用途的玻璃仪器，如冷凝管、分液漏斗、干燥器、分馏柱、砂芯漏斗、标准磨口玻璃仪器等。在检验工作中，玻璃仪器的洗涤和正确使用是保障分析数据的精密度和准确度的前提，也是一项技术考核指标。

【任务分析】

1. 玻璃仪器的洗涤：实验玻璃仪器在使用前后都要进行洗涤来提高数据的准确度和精密度，根据玻璃仪器的规格、性能及用途，学会实验室常用洗涤液的配制及使用、洗涤及干燥方法。

2. 玻璃仪器的规范操作：化学分析实验要借助大量的玻璃仪器进行配合操作，每一个单独的玻璃仪器有规范的操作过程，如容量瓶、移液管、滴定管等精密仪器，要严格按照规范的操作规程进行操作以及后期要合理保管。

【任务目标】

1. 养成“整理、整顿、清洁、清扫、素养、安全、节约”7S 的习惯；
2. 掌握常用洗涤液的配制以及仪器的洗涤方法；
3. 掌握移液管、容量瓶、滴定管的操作及数据记录的岗位技能。

【任务具体内容】

实验设计

基础实验操作练习

仪器领用归还卡

类别	名称	规格	单位	数量	归还数量	归还情况
试剂						
仪器						
其他						

注：请爱护公共器材！在领用过程中如有破损或遗失，须按实验室制度予以赔偿！

领用时间：______年_____月_____日_____时_____分　　领用人：

归还时间：______年_____月_____日_____时_____分　　归还人：

经办人：

基础实验操作练习任务卡

实验时间：______年_____月_____日_____时_____分　　　　　实验人员：

温度：　　　　　　　　　　　　　　　　　　　　　　　　湿度：

备注：带有“☆”标的仪器需要考核

仪器	图片	洗涤	操作	注意事项
烧杯				
锥形瓶				
量筒				
容量瓶☆				
移液管和吸量管☆	移液管　吸量管			
滴定管☆				

容量瓶、移液管的使用

续表

仪器	图片	洗涤	操作	注意事项
称量瓶				
试剂瓶				

任务评价卡——学生自评

评价内容	评分标准	得分
实验防护（10分）	统一穿白大褂，佩戴手套	
预习报告（10分）	根据任务提前预习并完成预习报告	
仪器及试剂准备（10分）	实验仪器及试剂领用符合实验需求	
团队合作（10分）	分工明确，认真细致，具有团队协作精神	
实验过程和结果（40分）	思路清晰，操作熟练，结果准确	
绿色环保（10分）	试剂无浪费，废液有序回收	
7S管理（10分）	仪器清洗归位，实验台面清理干净	
总得分		

任务评价卡——小组自评

评价内容	评分标准	得分
任务分工（20分）	任务分工明确，安排合理	
合作效率（20分）	按时完成任务	
团队协作意识（20分）	集思广益，全员参与	
实验方法分享（20分）	逻辑清晰，表达流畅，重点突出	
实验过程和结果（20分）	思路清晰，操作熟练，结果准确	
总得分		

任务评价卡——教师评价

项目	考核内容	配分	操作要求	考核记录	扣分说明	扣分	得分
容量瓶的使用（30分）	试漏	4	使用前将水加至刻度线，进行试漏； 试漏时旋塞需旋转180°		错一项扣2分		
	洗涤	6	外壁用肥皂水刷洗； 内壁用铬酸洗液浸泡； 蒸馏水润洗3次		错一项扣2分		
	转移	12	玻璃棒引流； 冲洗3次，冲洗液转至容量瓶； 大肚处平摇		错一项扣4分		

续表

项目	考核内容	配分	操作要求	考核记录	扣分说明	扣分	得分
容量瓶的使用（30分）	定容	8	胶头滴管调节液面； 液面控制准确； 摇匀操作（握持、倒摇、提盖）标准； 摇匀次数≥ 15 次		错一项扣 2 分		
移液管的使用（30分）	洗涤	2	外壁用肥皂水刷洗； 内壁用铬酸洗液浸泡		错一项扣 1 分		
	润洗	8	烧杯中润洗； 润洗液用量不超过$\frac{1}{2}$； 润洗次数≥ 3 次； 管尖擦拭		错一项扣 2 分		
	移液	12	插入移液管前管尖擦拭； 移液操作正确（瓶中取）； 移液管插入溶液深度合适		错一项扣 4 分		
	液面调节	8	调节液面前管尖擦拭； 移液管垂直； 移液准确； 不重调		错一项扣 2 分		
滴定管的使用（40分）	洗涤、试漏、润洗	8	检查有无破损； 洗涤干净； 正确试漏； 正确润洗		错一项扣 2 分		
	装液	12	装液正确（试剂瓶直接加液）； 排出气泡； 准确调节液面； 管尖溶液用干净的烧杯刮去		错一项扣 3 分		
	滴定操作	20	滴定速度适当； 终点控制熟练； 读数正确； 滴定终点判断正确		错一项扣 5 分		

自我分析与总结

存在的主要问题：	收获与总结：
今后改进、提高的方法：	

任务二　标准溶液的配制

【任务描述】

标准溶液的配制实操

标准溶液是指已确定准确浓度的溶液，比如邻苯二甲酸氢钾标准溶液、盐酸标准溶液等。标准溶液可以用基准物质或非基准物质配制。需要注意的是基准物质可以直接配制所需浓度溶液，而非基准物质配制相应浓度溶液则需配制完成后通过标定确定其准确浓度。标准溶液常用于各类滴定分析实验，用来确定未知溶液浓度等。

【任务分析】

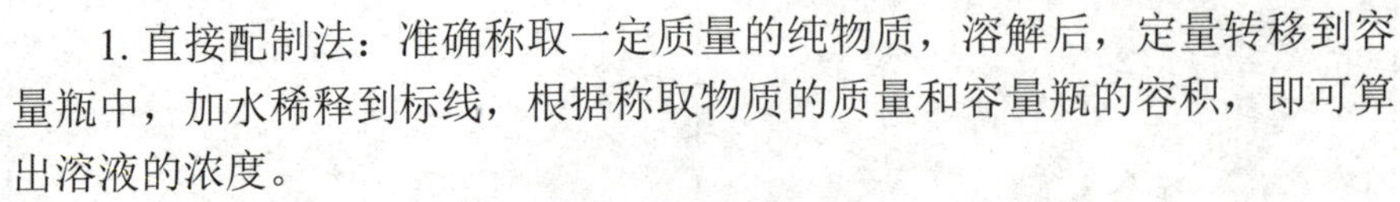

1. 直接配制法：准确称取一定质量的纯物质，溶解后，定量转移到容量瓶中，加水稀释到标线，根据称取物质的质量和容量瓶的容积，即可算出溶液的浓度。

2. 间接配制法：有很多物质不符合基准物质的条件而不能直接配制成滴定液，可将其配制成一种接近于所需浓度的溶液，再用基准物质或其他滴定液来测定它的准确浓度。这种利用基准物质或已知准确浓度的溶液，来确定滴定液浓度的操作过程称为标定。

【任务目标】

1. 学会针对不同溶液、不同物质需求选择合适的标准溶液配制方法；
2. 学会配制标准溶液，会用基准物质来标定标准溶液浓度；
3. 熟练掌握容量瓶、移液管及滴定管的使用方法。

【任务具体内容】

实验设计

标准溶液的配制

仪器领用归还卡

类别	名称	规格	单位	数量	归还数量	归还情况
试剂						
仪器						
其他						

注：请爱护公共器材！在领用过程中如有破损或遗失，须按实验室制度予以赔偿！

领用时间：______年____月____日____时____分　　领用人：

归还时间：______年____月____日____时____分　　归还人：

经办人：

实验数据记录单

标准溶液的配制记录单			
实验项目	标准溶液的配制		
实验时间	________年____月____日____时____分		
实验人员			
实验依据			
实验条件	温度：　　　湿度：		
1. 直接配制法 配制 0.1000mol/L Na_2CO_3 溶液 计算： 2. 间接配制法 ① 固体：配制接近 0.1000mol/L NaOH 溶液 计算： ② 液体：配制接近 0.1000mol/L HCl 溶液 计算：			
检验人签名		复核人签名	
检验日期		复核日期	

任务评价卡——学生自评

评价内容	评分标准	得分
实验防护（10 分）	统一穿白大褂，佩戴手套	
预习报告（10 分）	根据任务提前预习并完成预习报告	
仪器及试剂准备（10 分）	实验仪器及试剂领用符合实验需求	
团队合作（10 分）	分工明确，认真细致，具有团队协作精神	
实验过程和结果（40 分）	思路清晰，操作熟练，结果准确	
绿色环保（10 分）	试剂无浪费，废液有序回收	
7S 管理（10 分）	仪器清洗归位，实验台面清理干净	
总得分		

任务评价卡——小组自评

评价内容	评分标准	得分
任务分工（20 分）	任务分工明确，安排合理	
合作效率（20 分）	按时完成任务	
团队协作意识（20 分）	集思广益，全员参与	
实验方法分享（20 分）	逻辑清晰，表达流畅，重点突出	
实验过程和结果（20 分）	思路清晰，操作熟练，结果准确	
总得分		

任务评价卡——教师评价

项目	考核内容	配分	操作要求	考核记录	扣分说明	扣分	得分
基准物的称量（10分）	称量操作	6	检查天平水平； 清扫天平； 敲样动作正确		错一项扣2分		
	基准物试样称量范围	4	称量范围不超出±5%～±10%		超出扣4分		
试液配制（30分）	试漏	4	使用前将水加至刻度线，进行试漏； 试漏时旋塞需旋转180°		错一项扣2分		
	洗涤	6	外壁用肥皂水刷洗； 内壁用铬酸洗液浸泡； 蒸馏水润洗3次		错一项扣2分		
	转移	12	玻璃棒引流； 冲洗3次，冲洗液转至容量瓶； 大肚处平摇		错一项扣4分		
	定容	8	胶头滴管调节液面； 液面控制准确； 摇匀操作（握持、倒摇、提盖）标准； 摇匀次数≥15次		错一项扣2分		
移取溶液（40分）	洗涤、润洗	6	洗涤干净； 润洗方法正确		错一项扣3分		
	吸溶液	10	不吸空； 不重吸		错一项扣5分		
	调刻线	12	调刻线前擦干外壁； 调节液面操作熟练		错一项扣6分		
	放溶液	12	移液管竖直； 移液管尖靠壁； 放液后停留15s		错一项扣4分		
文明操作（10分）	物品摆放、仪器洗涤、“三废”处理	10	仪器摆放整齐； 废纸/废液不乱扔； 实验台擦拭干净； 药品放回指定位置； 结束后清洗仪器		错一项扣2分		
数据记录（10分）	记录、计算、有效数字保留	10	及时记录不缺项； 计算过程正确； 有效数字修约正确； 结果准确； 书写规范，有数字、有单位		错一项扣2分		

自我分析与总结

<table>
<tr><td>存在的主要问题：</td><td>收获与总结：</td></tr>
<tr><td colspan="2">今后改进、提高的方法：</td></tr>
</table>

【巩固与练习】

2-1　解释下列概念：

（1）试样

（2）滴定，标定

（3）滴定剂，被滴定液

（4）化学计量点，滴定终点，终点误差

（5）物质的量浓度，滴定度

（6）直接滴定，返滴定，间接滴定

2-2　什么是标准溶液？作为基准物质的固体试剂必须符合什么条件？

2-3　称取基准物质纯金属锌 0.3250g，以稀盐酸溶解后，完全转入 250.0mL 容量瓶，再以水稀释至刻度，计算此锌标准溶液的浓度。

2-4　某炼铁厂化验室经常需要分析铁矿石中 Fe 的含量，若 $K_2Cr_2O_7$ 标准溶液的浓度为 0.02000 mol/L，求算以 $T_{Fe/K_2Cr_2O_7}$ 表示的该标准溶液的滴定度。其滴定反应为：

$$6Fe^{2+}+Cr_2O_7^{2-}+14H^+ = 6Fe^{3+}+2Cr^{3+}+7H_2O$$

2-5　在酸性溶液中 $KMnO_4$ 与 H_2O_2 按下式反应：

$$5H_2O_2+2MnO_4^-+6H^+ = 5O_2+2Mn^{2+}+8H_2O$$

在中性溶液中，$KMnO_4$ 与 $MnSO_4$ 按下式反应：

$$3Mn^{2+}+2MnO_4^-+4OH^- = 5MnO_2+2H_2O$$

试计算各需要多少毫升 0.1000mol/L $KMnO_4$ 溶液才能分别与 10.00mL 0.2000mol/L H_2O_2 溶液及 50.00mL 0.2000mol/L $MnSO_4$ 溶液反应完全。

2-6　用稀 HCl 滴定 0.1876g 纯 Na_2CO_3，反应为：

$$CO_3^{2-}+2H^+ = H_2O+CO_2$$

如果滴定需用 37.86mL HCl 溶液，计算稀 HCl 溶液的准确浓度。如果用此 HCl 标准溶液滴定 0.4671g 含 $NaHCO_3$ 的试样，需用 HCl 溶液 40.72mL，此 $NaHCO_3$ 试样的纯度是多少？

学习任务三

分析化学中的误差及数据的处理

【案例引入】

化验员小陈和小王都是某公司质检部门员工，在用化学分析法测定某成分的含量后出具报告时，小陈实验时消耗的体积是21.00mL，小王在书写时却填成了21mL，为此小陈当场指出小王应规范书写，而小王却狡辩道，21.00mL不就是21mL吗，没必要写成21.00mL，不需要这么严谨。

讨论：同学们，你认为小陈和小王的做法谁的对呢？你认为怎么书写呢？

【思维导学】

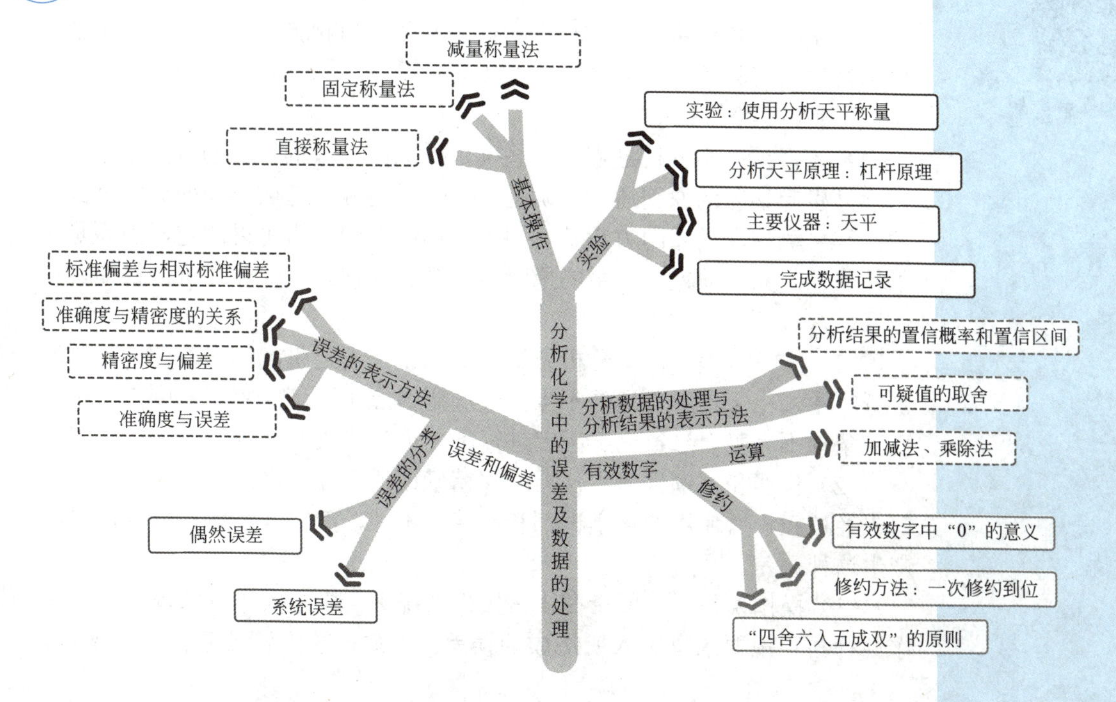

【职业综合能力】

1. 掌握误差的概念、产生的原因及降低的方法，及误差、偏差的相关计算。

2. 掌握有效数字的记录规则、修约规则、运算规则及其在定量分析中的应用。

3. 熟悉准确度和精密度的表示方法及两者之间的关系。

4. 熟悉一般分析结果的表示方法及可疑值的取舍。

任务准备

学习单元一　误差和偏差

化学分析中定量分析的任务是准确测定试样中各组分的含量。但由于受分析方法、分析仪器、试剂以及工作者等主观因素等方面的影响，使测得的结果不可能与真实值完全一致。与其他测量一样，化学检验结果不可避免地会产生误差，这说明误差是客观存在的，也是难以避免的。因此，在进行定量分析时，不仅要测得待测组分的含量，而且要对分析结果的可靠性作出合理的评价，查出产生误差的原因，采取措施减小误差；同时要实事求是地记录化学检验的原始数据，正确处理数据，使化学检验的结果达到规定的准确度，以便更好地指导生产实践。

一、误差的分类

误差的表示方法

定量分析检验中测量值与真实值之间的差值称为误差。根据产生的原因和性质，可将误差分为系统误差和偶然误差。

1. 系统误差

系统误差是由分析过程中某些确定的原因造成的。它的特点是：①确定性，引起误差的原因通常是确定的；②重现性，造成误差的原因是固定的；③可测性，误差的大小基本固定，通过实验通常可以测定，因而是可以校正的。系统误差按产生的原因可分为方法误差、仪器和试剂误差、操作误差等。

（1）方法误差　由于分析方法本身的某些不足引起的误差。例如，滴定分析中，由于指示剂选择不当，使滴定终点不在滴定突跃范围内；由于反应条件不完善而导致化学反应进行不完全等造成的误差。

（2）仪器和试剂误差　仪器不够精确或所用的天平、砝码、容量器皿等未经校正，所使用的化学试剂和蒸馏水不纯，滴定液浓度不准等，均能产生这种误差。

（3）操作误差　主要指在正常操作情况下，由于操作者掌握的基本操作规程与正规要求有出入所造成的误差。例如，滴定管读数偏高或偏低，对终点颜色的确定偏深或偏浅，对某种颜色的辨别不够敏锐等所造成的误差。

为了减小系统误差，可采取以下措施：

① 改进分析方法　选用国家规定的标准方法进行测定，以减小方法误差。

② 进行对照实验　用已知准确含量的标准试样按同样的分析方法进行多次测定，将测定值与标准值进行对照，求出校正系数，进而校正分析结果，以消除操作和仪器误差以及分析方法的误差。

③ 进行空白实验　它是指在不加试样的情况下，按照试样的分析步骤和条件进行分析测定，所得结果称为空白值，然后从分析结果中扣除空白值，就会得到一个比较真实可靠的结果。这种方法主要是消除由试剂和蒸馏水不纯、仪器及环境引入的杂质等所造成的系统误差。

④ 校正仪器　在分析测定前，应对所用的仪器如滴定管、移液管、容量瓶、天平砝码、光度计等加以校正，尽可能减小仪器不精确引起的系统误差。

2. 偶然误差

偶然误差又称随机误差。是由某些难以控制或无法避免的偶然因素造成的误差。如测量时温度、湿度、电压及气压的偶然变化，以及分析人员对平行试样处理的微小差异等，均可引起偶然误差。偶然误差的大小、正负都不固定，是较难预测和控制的。减小偶然误差的方法一般是在消除了系统误差前提条件下，适当增加平行测定的次数（不超过 10 次），偶然误差的算术平均值将趋近于零，分析结果的平均值则接近于真实值。在一般分析中，对同一试样，通常是平行测定 3 ～ 4 次，即可满足分析要求。

除了系统误差和偶然误差外，由于分析工作者的粗心大意或不按照操作规程分析所造成的误差称为过失误差，例如读错读数、溶液溅失、滴定时未将滴定管尖嘴部分悬挂的液滴除，放出移液管中溶液时未充分放尽，加错试剂，计算错误等造成的误差。这类误差是可以在分析过程中通过仔细认真、严格按操作规程工作避免的，对已出现的过失而引起的错误结果，一经发现就应舍去。

二、误差的表示方法

1. 准确度与误差

准确度是指测量值与真实值接近的程度。误差的表示方法：绝对误差和相对误差。准确度通常用误差来表示。误差越小，表示测量值与真实值越接近，准确度越高。误差有绝对误差和相对误差两种表示方法。

$$\text{绝对误差}（E）=\text{测定值}（x）-\text{真实值}（T）$$

$$\text{相对误差}（\mathrm{RE}）=\frac{\text{测定值}（x）-\text{真实值}（T）}{\text{真实值}（T）}\times 100\%$$

【例 3-1】用万分之一的分析天平称量某样品两份，其质量分别为

1.2136g 和 0.2231g。假定两份试样的真实质量各为 1.2135g 和 0.2230g，分别计算两份试样称量的绝对误差和相对误差。

解： 绝对误差分别为：

$$E_1=1.2136-1.2135=0.0001\ (\text{g})$$

$$E_2=0.2231-0.2230=0.0001\ (\text{g})$$

相对误差分别为：

$$\text{RE}_1=\frac{0.0001}{1.2135}\times100\%=0.008\%$$

$$\text{RE}_2=\frac{0.0001}{0.2230}\times100\%=0.04\%$$

由此可见，两份试样称量的绝对误差相等，但相对误差不相等。因此当绝对误差一定时，称量的质量越大，相对误差越小，准确度越高。所以在定量分析中常用相对误差来表示测量结果的准确度。绝对误差和相对误差都有正、负值，正值表示分析结果偏高，负值表示分析结果偏低。

2. 精密度与偏差

在日常化学检验工作中，常用精密度与偏差来评价化学检验数据的可靠性。精密度是指在同一条件下对同一量进行多次重复测定（即平行测定）时，各测定值彼此间相接近的程度。化学检验中的分析测试不可能进行无限次，一般是在同一条件下，平行测定几次，然后将几次测定值的算术平均值作为“真实值”。

精密度的大小用偏差表示，偏差越小测定结果的精密度越高。偏差的表示方法有多种。

（1）绝对偏差（d）和相对偏差（d_r） 绝对偏差是指单次测定值（x）与平均值（$\bar{x}$）之差。即

$$\text{绝对偏差}\ (d)=x-\bar{x}$$

相对偏差是指绝对偏差在平均值中所占的百分率。即

$$\text{相对偏差}\ (d_r)=\frac{x-\bar{x}}{\bar{x}}\times100\%$$

（2）平均偏差 平均偏差也分为绝对平均偏差和相对平均偏差。

绝对平均偏差是单次测定值与平均值的偏差（取绝对值）之和除以测定次数（n），即

$$\text{绝对平均偏差}\ (\bar{d})=\frac{\sum_{i=1}^{n}|x_i-\bar{x}|}{n}\ (i=1,2,\cdots,n)$$

相对平均偏差是绝对平均偏差在平均值中所占的百分率，即

$$\text{相对平均偏差}\ (\bar{d}_r)=\frac{\bar{d}}{\bar{x}}\times100\%$$

3. 标准偏差与相对标准偏差

标准偏差（s）也称均方根偏差。当测定次数不多时（$n<20$），测量样本的标准偏差是指各单个绝对偏差的平方和除以测定次数减 1 的平方根。

$$s=\sqrt{\frac{\sum_{i=1}^{n}(x_i-\bar{x})^2}{n-1}}$$

相对标准偏差（RSD）是标准偏差在平均值中所占的百分率，可以表示为

$$\mathrm{RSD}=\frac{s}{\bar{x}}\times 100\%$$

4. 准确度与精密度的关系

准确度与精密度的概念不同，准确度表示测量结果的准确性，精密度表示分析结果的重现性。而定量分析中的系统误差是误差的主要来源，它影响分析结果的准确度，偶然误差影响分析结果的精密度。测定结果的好坏应从精密度和准确度两个方面衡量。

例如，某分析比赛中，参赛的甲、乙、丙、丁四人在同一条件下，同时测定同一试样中 X 的含量，各测定四次，其测定结果如图 3-1 所示。根据图，甲的四次测定结果很接近，即精密度高，而其平均值与真实值也很接近，所以准确度也高；乙测定结果的精密度很高，但平均值与真实值相差很大，说明其准确度低；丙测定结果的精密度不高，准确度也不高；丁测定结果的平均值虽然也很接近于真实值，但几个数据彼此相差甚远，而仅是由于正负误差相互抵消才使结果接近真实值，如果只取 2 次或 3 次来平均，结果就会与真实值相差很大，因此这个结果是凑巧得来的，也是不可靠的。

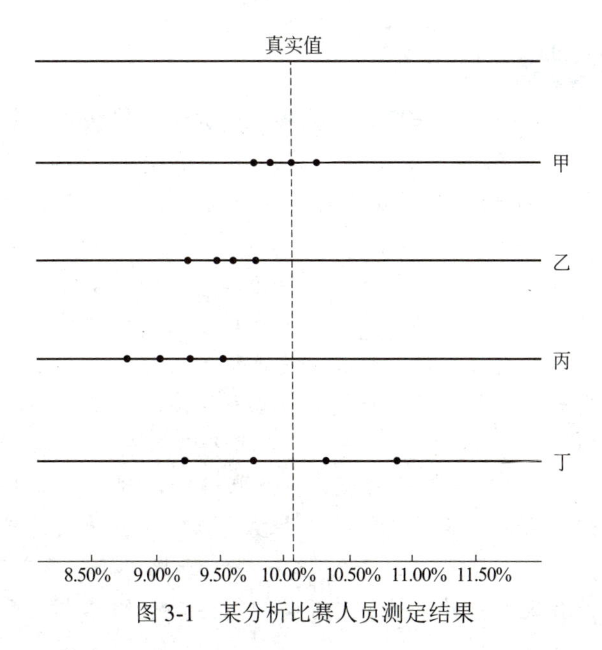

图 3-1　某分析比赛人员测定结果

综上所述，可以得出结论：

① 准确度高一定需要精密度高，但精密度高不一定准确度高。

② 精密度高是保证准确度高的先决条件。精密度差，所测结果不可靠，就失去了衡量准确度的前提。在分析工作中，首先要重视测量数据的精密度。

③ 在消除系统误差的前提下，精密度高，准确度也会高。

匠心铸魂

在 0.01 毫米误差中追求工匠精神

从寒门学子到世界冠军，杨金龙的人生因为一场比赛有了很大的反转。他是杭州技师学院最年轻的教师，头顶世界技能大赛汽车喷漆项目冠军的光环。按照世界技能大赛的要求，油漆的厚度误差不超过 10 微米，相当于一根头发直径的 1/6 左右。而油漆一般要喷五六层以上，每层厚度误差不能超过 2 微米，如此苛刻的要求带来的技术难度可想而知。在校期间他就曾获得过浙江省职业院校汽车运用与维修汽车涂装一等奖，全国职业院校汽车运用与维修汽车涂装二等奖等。2015 年他以该项目国内第一的身份参加在巴西的第 43 届世界技能大赛，并获得了金牌，为我国实现了该赛事零金牌的突破。

作为职业院校的学生，我们的目标就是要成为未来的“工匠之才”。什么是工匠精神？有坚定的目标，有顽强的毅力，有卓越的才干。其实我们每个人都具备工匠的潜质，也都有成为工匠的可能性，关键就在于我们能不能做到脚踏实地，精益求精。我们是祖国的未来，祖国的美好明天等待着我们去描绘，去实现。我们只有具备大国工匠的条件，才能更好地为国家建设贡献力量。

趣味驿站

误差超过 1 毫米就作废，揭秘冬残奥会运动员获奖证书制作

北京冬残奥会期间，张家口颁奖广场将举行 44 个项目的颁奖仪式。颁奖广场除了为冠亚季军颁发奖牌，也负责为获得比赛前 8 名的运动员制作获奖证书。和一般的打印不同，运动员获奖证书的制作流程非常严格，要求运动员信息必须位于正中，误差超过 1 毫米就作废。经过数日的演练和设备调试，张家口颁奖广场已经完成了制作运动员获奖证书的准备工作。冬残奥会获奖证书的制作有一套严格的流程，对字距误差的要求甚至严格到了毫米级。打印获奖信息时，要求运动员信息与证书中线严格对齐，误差不能超过 1 毫米。“一开始我也觉得没有什么难度，真正操作起来，才发现没那么容易。”李硕说。在北京进行培训时，证书生产厂家就给他上了一课。原来，运动员获奖证书要用专门的打印机进行打印，从装填纸张开始，就要求“严丝合缝”，差一分一毫都不行。李硕还说：“制作获奖证书是很有仪式感的事情，为了体现对运动员的尊重，再怎么严格都

不过分。”

学习单元二　有效数字的修约及运算规则

分析检验中直接和间接测定的结果，一般都要用数字表示，这个数字与数学中的“数”不同，它的计算与取舍应遵循有效数字运算规则及数字修约规则。

一、有效数字

在定量分析工作中，能测量到的并有实际意义的数字称为有效数字，有效数字是由准确数字和最后一位可疑数字组成。在记录测量数据（有效数字）时，必须与所使用的测量仪器和分析方法的准确程度相适应。例如，滴定分析时滴定管的读数为24.73mL，有效位数为四位，这一数据中24.7是准确的数字，最后一位“3”是估读的数字，存在一定的误差；用万分之一的天平称得某试样的质量为1.5352g，有效位数为五位，数据中1.535是准确数字，最后一位“2”是估读数字，是不确定的。

有效数字的修约及计算

二、有效数字修约规则

对实验数据进行计算时，各测量值的有效位数可能不同。因此，需要按照一定的规则先对有效数字修约。有效数字的修约是确定有效位数后对多余位数的舍弃过程，目前采用“四舍六入五留双”规则。

“四舍六入五留双”的原则：

① 被修约的数字小于或等于4时，则舍去该数字；

② 被修约的数字大于或等于6时，则进位；

③ 被修约的数字等于5时，5后无数字或为0，若5前一位为偶数（包括0），则舍弃；若5前一位为奇数，则进位。5的后面有不为0的数字时，则进位。

例如，将下列数据修约为四位数：

1.2031	1.203
0.57467	0.5747
1.23350	1.234
3.3865	3.386
4.57658	4.577

修约方法：在对测量值修约时，只能一次修约到位，不能分次修约。如4.3012567，修约成四位有效数字为4.301。

有效数字中“0”的意义：

“0”在有效数字中有两种意义，一是作为普通数字使用，二是作为定位的标志。如分析天平称得质量为1.3370g，有效数字位数为五位；滴定管读数为21.03mL，有效数字位数为四位。由上得出“0”在数字之间或在数字后面出现，均为有效数字。又如0.0063g，有效数字位数为两位，数字中的“0”只起到了定位作用，因此，“0”在数字前只起到定位作用。

综上所述，“0”在数字之间或在数字后面出现，均为有效数字，“0”在数字前只起到定位作用。

但以“0”结尾的正整数，有效数字的位数不确定。例如，1500这个数，就不能确定几位有效数字，可能是两位、三位或四位。这种情况，应根据实际有效数字的位数用科学计数法修约：

1.5×10^3　　两位有效数字

1.50×10^3　　三位有效数字

1.500×10^3　　四位有效数字

取证小贴士

常用的物理量	数据	有效位数
试样的质量	0.2350g（分析天平称量）	四位有效数字
滴定管液体体积	21.37mL	四位有效数字
量筒量取试液体积	12mL	两位有效数字
移液管移取液体体积	25.00mL	四位有效数字
标准溶液浓度	0.1000mol/L	四位有效数字
被测组分含量	24.51%	四位有效数字
pH 值	3.50	三位有效数字

三、有效数字运算规则

（1）加减法　当几个数据相加减时，它们的和或差的有效数字位数，应以小数点后位数最少的数据为依据，因小数点后位数最少的数据的绝对误差最大。例如：

$$0.0126 \quad + \quad 13.12 \quad + \quad 1.0325 = ?$$

绝对误差　±0.0001　　±0.01　　±0.0001

在加和的结果中总的绝对误差值取决于13.12，所以

$$0.0126+13.12+1.0325=0.01+13.12+1.03=14.16$$

（2）乘除法　当几个数据相乘除时，它们的积或商的有效数字位数，应以有效数字位数最少的数据为依据，因有效数字位数最少的数据相对误差最大。例如：

$$0.0121\times25.64\times1.05782=0.328$$

学习单元三　分析数据的处理与分析结果的表示方法

在定量分析中，得到一组分析数据后，必须对这些数据进行处理。数据处理的任务是通过对少量或有限次实验数据的合理分析，对分析结果作出正确、科学的评价，并用一定的方法表示分析结果。

一、可疑值的取舍

在所获得的一组平行测定的数据中，常有个别数据与其他数据偏离较远，这一数据称为可疑值或逸出值（outlier）。例如，分析某一含铁试样时，平行测定四次，其结果分别为：15.70%、15.72%、16.12%、15.69%。显然16.12%可视为可疑值，如果是实验过程中的过失或操作上的错误引起的可疑值，就应该舍去，否则，要用统计检验的方法来决定可疑值的取舍。检验可疑值的常用方法有Q检验法、四倍法、格鲁布斯法等，这里仅介绍Q检验法。

在测定次数较少时（n=3～10），用Q检验法决定可疑值的舍弃是比较合理的。其检验步骤如下：

① 将所有测量数据按大小顺序排列，算出测定值的极差（即最大值与最小值之差）；

② 计算出可疑值与其邻近值之差；

③ 计算舍弃商：

$$Q=\frac{|x_{疑}-x_{邻}|}{x_{最大}-x_{最小}}$$

④ 查$Q_{表}$值（见表3-1），如果$Q_{计}\geqslant Q_{表}$，将可疑值舍去，否则应当保留。

表3-1　不同测定次数不同置信度下的Q值

项目	3	4	5	6	7	8	9	10
$Q_{0.90}$	0.94	0.76	0.64	0.56	0.51	0.47	0.44	0.41
$Q_{0.95}$	0.97	0.84	0.73	0.64	0.59	0.54	0.51	0.49
$Q_{0.99}$	0.99	0.93	0.82	0.74	0.68	0.63	0.60	0.57

【例3-2】 分析某一含铁试样时，平行测定四次，其结果分别为：15.70%、15.72%、16.12%、15.69%，其中16.12%可疑，试用Q检验法确定该数据是否应舍弃？（置信度为90%）

解： 按递增序列排序：15.69%、15.70%、15.72%、16.12%，可疑数字在增序末尾，计算$Q_{计}=\frac{16.12\%-15.72\%}{16.12\%-15.69\%}$=0.93，查表3-1，当测定次数$n$为4时，$Q_{0.90}$=0.76。由于$Q_{计}\geqslant Q_{表}$，所以数据16.12%应舍去。

二、分析结果的置信概率和置信区间

在分析工作中，为了说明分析结果的可靠程度，引出了置信区间和置信概率问题。置信区间是指真实值所在的范围，一般由测定值来估计，这是因为真实值往往是不知道的；而置信概率是指分析结果落在置信区间内的概率大小。

在消除了系统误差之后的随机误差是呈正态分布的，只有在无限次的测定中才能求总体平均值 μ 和总体标准偏差 σ，此时 σ 趋近于真实值 T，常用 μ 代替 T。在实际分析中，通常用有限次（$n < 20$）测定的算术平均值 $\bar{x}$ 代替 T，用标准偏差 s 代替 σ，按下式推断平均值的置信区间，即平均值的置信区间为：

$$\bar{x} \pm \frac{ts}{\sqrt{n}}$$

式中，t 为在选定的某一置信度下的概率系数。该式的意义就是真实值出现的范围。那么在置信区间内，人们认为真实值出现的概率有多大呢，用置信概率 P 表示，也称为置信度，一般 P 的取值为 90% 或 95%。由上式可以看出，如果测量的次数越多，s 越小，则置信区间就越小，此时平均值 $\bar{x}$ 越接近于真实值 T，平均值的可靠性越大。但是过多的测量次数是没必要的，因为当 $n > 20$ 时的 t 值与 $n = \infty$ 时的 t 值已经非常接近了，再增加测量次数也不会提高分析结果的准确度；然而较少次的测量使置信区间过宽从而影响分析结果的可靠程度。t 值与置信概率 P 和测定次数 n 的关系如表 3-2 所示。

表 3-2　不同置信概率 P 和不同测定次数下的 t 值分布

测定次数 n	不同置信概率 P 下的 t 值		
	90%	95%	99%
2	6.31	12.71	127.3
3	2.92	4.30	14.08
4	2.35	3.18	7.45
5	2.13	2.78	5.60
6	2.02	2.57	4.77
7	1.94	2.45	4.32
8	1.90	2.36	4.03
9	1.86	2.31	3.83
10	1.83	2.26	3.69
11	1.81	2.23	3.58
21	1.72	2.09	3.15
∞	1.64	1.96	2.81

【例 3-3】 用邻二氮菲测定某试样中铁的含量，9 次测定结果的 s=0.05%，$\bar{x}$=11.50%，估计在 95% 和 99% 的置信度时平均值的置信区间。

解：

查表 3-2：P=95%，n=9 时，t=2.31

P=99%，n=9 时，t=3.83

（1）95% 置信度时，置信区间为：

$$\mu=\bar{x}\pm\frac{ts}{\sqrt{n}}=11.50\%\pm2.31\times\frac{0.05\%}{\sqrt{9}}=11.50\%\pm0.038\%$$

（2）99% 置信度时，置信区间为：

$$\mu=\bar{x}\pm\frac{ts}{\sqrt{n}}=11.50\%\pm3.83\times\frac{0.05\%}{\sqrt{9}}=11.50\%\pm0.063\%$$

幸福都是奋斗出来的

在分析化学中有效数字修约要遵循“四舍六入五留双”的修约规则，其中“0”在数字之间或在数字后面出现，均为有效数字，“0”在数字前只起到定位作用。从中得出，“0”所在的位置不同意义不同。在日常的生活、工作、学习中也一样，如果我们一开始不努力拼搏，那么后期即使得到了，也只是成功了小部分，就和有效数字位数中无论后面的数有多大，只要前面的数字是“0”，这个数值仍然很小。所以我们要努力拼搏，无论做任何事情，只要开头不是“0”，努力奋斗就预示着成功。正如习近平总书记说的“幸福都是奋斗出来的”。

幸福都是奋斗出来的，既有历史的逻辑，也是现实的必然。中国人民自古就明白，世界上没有坐享其成的好事，要幸福就要奋斗。回望历史，无论是“愚公移山”“精卫填海”“囊萤映雪”“悬梁刺股”等寓言故事，还是“自古雄才多磨难”“梅花香自苦寒来”“君子以自强不息”等古训格言，其中蕴含的艰苦奋斗和自强不息的精神一直是支撑中华民族绵延至今的文化基因、精神密码。中国共产党成立以来，领导中国人民在战乱频仍、山河破碎中奋斗，在百废待兴、一穷二白中奋斗，在阻力和压力、困难和挑战中奋斗，才使得我们比历史上任何时期都更接近、更有信心和能力实现中华民族伟大复兴的目标。一部中华民族史，实际上就是一部中华民族艰苦奋斗、自强不息的奋斗史。在新时代，决胜全面建成小康社会，开启全面建设社会主义现代化国家新征程，实现中华民族伟大复兴的中国梦，需要我们以永不懈怠的精神状态和一往无前的奋斗姿态奋勇前进。

趣味驿站

了解《九章算术》里的“四舍五入”

我国公元前 2 世纪的《淮南子》一书就采用四舍五入法了，《九章算术》里也采用了四舍五入的方法，公元 237 年三国魏国的杨伟编写《景初历》时，已把这种四舍五入法作了明确的记载：“半法以上排成一，不满半法废弃之。”“法”在这里指的是分母，意思是说：分子大于分母一半的分数可进 1 位，否则就舍弃不进位。公元 604 年的《皇极历》出现后，四舍五入的表示法更加精确：“半以上为进，以下为退，退以配前为强，进以配后为弱。”在《皇极历》中，求近似值如果进一位或退一位，一般在这个数字后面写个“强”或“弱”字，意思就表明它比所记的这个数字多或不足，这种四舍五入法，完全和现在的相同。在计算近似值时，除了用四舍五入法以外，还有其他方法。《九章算术》里已经出现了开方和近似公式，但是这个公式的误差较大。《孙子算经》中，采用了新的近似值的计算法——不加借算法公式，《五经算术》和《张邱建算经》中，又提出了一个更加精确的计算近似值的公式——加借算法公式。而印度的开方方法与我国基本相似，但是比我国要晚500多年。在西方，有关近似值的算法应该首扒欧几里得的除法率。它是利用强弱二率来计算近似数值的，但是他的这一算法我国南北朝时的何承天也已经独立地使用过，只不过比欧几里得的要晚几百年。

任务实施

任务　使用分析天平称量

【任务描述】

用分析天平准确称量物质的质量是分析工作中最基本的操作之一，也是每一个实验室工作人员必须掌握的一项基本技能。分析天平是利用杠杆原理制造的，是用以准确称量试样或基准物质等的质量的仪器。了解分析天平的构造，正确地进行称量，是完成量分析工作的基本保证。

【任务分析】

直接称量法：天平去皮后，将试样放在天平秤盘上称量。

固定称量法：这种方法是为了称取指定质量的试样。在分析化学实验中，需要用直接法配制指定浓度的滴定液时，常用此法来称取基准物质。该法只能用来称取在空气中性质稳定、不易吸湿的粉末状试样，不适用于块状物质的称量。

减量称量法：这种方法称取试样的质量是由两次称量之差而求得的。称出试样的质量不要求是固定的数值，只需在要求的范围内即可。

分析天平的称量

【任务目标】

1. 养成“整理、整顿、清洁、清扫、素养、安全、节约”7S 的习惯；
2. 掌握直接称量法、固定称量法、减量称量法；
3. 掌握天平的操作及数据记录的岗位技能。

【任务具体内容】

实验设计

使用分析天平称量

仪器领用归还卡

类别	名称	规格	单位	数量	归还数量	归还情况
试剂						
仪器						
其他						

注：请爱护公共器材！在领用过程中如有破损或遗失，须按实验室制度予以赔偿！

领用时间：______年____月____日____时____分　领用人：

归还时间：______年____月____日____时____分　归还人：

经办人：

实验数据记录单

使用分析天平称量实验数据记录单	
实验项目	使用分析天平称量
实验时间	____年___月___日___时___分
实验人员	
实验依据	GB/T
实验条件	温度： 湿度：

1. 直接称量法

记录项目	1	2	3	平均值
表面皿质量 /g				
称量瓶质量 /g				

2. 固定称量法

记录项目	1	2	3
表面皿质量 /g			
表面皿质量 /g+ 试样质量 /g			
试样质量 /g			

3. 减量称量法

记录项目	1	2	3
称量瓶及试样质量（倾出前）m_1/g			
称量瓶及试样质量（倾出后）m_2/g			
倾出试样质量 /g			

检验人签名		复核人签名	
检验日期		复核日期	

任务评价卡——学生自评

评价内容	评分标准	得分
实验防护（10 分）	统一穿白大褂，佩戴手套	
预习报告（10 分）	根据任务提前预习并完成预习报告	
仪器及试剂准备（10 分）	实验仪器及试剂领用符合实验需求	
团队合作（10 分）	分工明确，认真细致，具有团队协作精神	
实验过程和结果（40 分）	思路清晰，操作熟练，结果准确	
绿色环保（10 分）	试剂无浪费，废液有序回收	
7S 管理（10 分）	仪器清洗归位，实验台面清理干净	
总得分		

任务评价卡——小组自评

评价内容	评分标准	得分
任务分工（20 分）	任务分工明确，安排合理	
合作效率（20 分）	按时完成任务	
团队协作意识（20 分）	集思广益，全员参与	
实验方法分享（20 分）	逻辑清晰，表达流畅，重点突出	
实验过程和结果（20 分）	思路清晰，操作熟练，结果准确	
总得分		

任务评价卡——教师评价

序号	考核内容	标准	考核成绩	备注
一	称量	100		
1	天平使用前的检查	30		
1.1	取下天平罩（要求取放轻缓，叠放整齐）	1		
1.2	查看天平使用记录	2		
1.3	查看室内温度、湿度（要求称量前检查）	3		
1.4	检查天平是否水平	2		
1.5	检查天平内的干燥剂	2		有概念即可
1.6	打开侧门使天平内外温湿度平衡	2		
1.7	清扫称量盘	2		
1.8	所用物品和试剂放置合理整齐	2		
1.9	接通电源	1		
1.10	按下开关键（ON/OFF）直至全屏自检，显示器显示零	3		
1.11	预热 30min	1		有预热概念即可
1.12	按下校正键（cal）	4		
1.13	将校正砝码放入秤盘的中间（戴手套），关闭天平侧门	2		
1.14	仪器显示校正砝码的质量（g）（cc 出现后的数值）	2		
1.15	取出标准砝码，校正结束（不可按去皮键）	1		按去皮键扣 1 分
2	固定量称量	50		开门称量者扣分
2.1	熟练程度	30		
2.1.1	打开天平侧门，将容器放入天平盘中央（戴手套或纸套）	2		没戴手套扣 1 分，计时开始
2.1.2	使用除皮键，除皮清零	2		
2.1.3	放置样品进行称量	2		
2.1.4	加入样品直至所需重量。关闭天平侧门	3		
2.1.5	记录准确称量的重量	3		
2.1.6	取出称量物关闭天平侧门	3		
2.1.7	清零关闭天平	1		称量结束，计时结束
2.1.8	称量过程中动作要轻	2		
2.1.9	量用为出，只出不进（针对试剂瓶）； 量用为入，只进不出（针对称量瓶）	2		
2.1.10	称量时间（1 ～ 3min）	10		
	T=1min	10		
	T=2min	8		
	T=3min	5		
2.2	准确性	10		
2.2.1	称量器放在秤盘中央	2		偏离中央扣分
2.2.2	称量前后称量盘、天平内、台面上无试剂	3		分别扣 3、2、1
2.2.3	称后检查零点	5		
2.3	称量准确	10		
2.3.1	称得量与要求偏差 ±0.2mg	10		
2.3.2	称得量与要求偏差 ±0.3mg	8		
2.3.3	称得量与要求偏差 ±0.4mg	6		
2.3.4	称得量与要求偏差 ±0.5mg	4		

续表

序号	考核内容	标准	考核成绩	备注
3	称量后的检查与记录	17		
3.1	断开电源，清扫秤盘	3		
3.2	盖好天平罩	3		
3.3	填写天平使用记录	5		
3.4	台面整理	3		
3.5	称量记录信息完整	3		缺一项扣 1 分
4	称量总用时	3		总用时控制在 10min 内
4.1	称量总用时≤ 6 分	3		
4.2	称量总用时≤ 7 分	2		
4.3	称量总用时≤ 8 分	1		

自我分析与总结

<table>
<tr><td>存在的主要问题：</td><td>收获与总结：</td></tr>
<tr><td colspan="2">今后改进、提高的方法：</td></tr>
</table>

【巩固与练习】

3-1 按照误差的分类，下列情况各引起什么误差？

（1）砝码腐蚀。

（2）容量瓶刻度不准确。

（3）天平零点稍有变动。

（4）滴定管读数时最后一位数字估计不准确。

（5）标定用的基准物质 Na_2CO_3 在保存过程中吸收了水分。

（6）滴定剂中含有少量被测组分。

3-2 说明误差与偏差、准确度与精密度的关系与区别。

3-3 什么是系统误差？什么是随机误差？二者各有何特点？

3-4 有效数字的运算规则对加减法和乘除法有何异同？

3-5 试比较标准正态分布与 t 分布的相同之处与不同之处。

3-6 某钢样中铬含量分析，6 次平行测定的结果为 2.13%，2.16%，2.12%，2.17%，2.13%，2.15%。试计算其平均值（$\bar{x}$）、绝对平均偏差（$\bar{d}$）、相对平均偏差（$\bar{d}_r$）、标准偏差（s）、相对标准偏差（RSD）。

3-7 分析某标准铜矿样品中铜的质量分数，5 次测定结果为 23.67%，23.64%，23.48%，23.52%，23.55%，试计算分析结果的平均值（$\bar{x}$）、绝对平均偏差（$\bar{d}$）、标准偏差（s）和相对标准偏差（RSD）。若铜的质量分数的标准值为 23.58%，求测定平均值的绝对误差和相对误差。

3-8 根据有效数字的计算规则进行计算：

（1）$8.563 \div 2.1 - 1.025$

（2）$(25.64 - 0.25) \times 0.1232$

（3）$0.523 \times 3.124 \div 2.032 \times 25.28$

（4）$1.6 \times 10^{-3} \times 2.635 + 0.053$

（5）pH=3.25，$[H^+]$=?

（6）$[H^+]=1.02 \times 10^{-5}$mol/L，pH=?

（7）pH=0.040，$[H^+]$=?

（8）$212 + 0.5243 + 2.15$

3-9 用返滴定法测定某组分在样品中的质量分数，按下式计算结果

$$x=\frac{\left(\frac{0.7825}{126.07}-\frac{18.52 \times 0.1025}{1000}\right) \times 86.94}{0.4825}$$

问分析结果应以几位有效数字报出？

3-10 将下列数字修约到小数点后第 3 位：3.14156，2.71749，4.51150，3.21650，25.3235，0.378501，7.691499，2.5155。

3-11 分析某铁矿石中铁的含量（以 Fe_2O_3 的质量分数表示），5 次测定结果分别为 67.48%，67.37%，67.47%，67.44%，67.40%。求个别测定值 67.44% 的置信区间和平均值的置信区间（置信度 0.95）。

3-12 测定某钛矿石中 TiO_2 的含量，以 TiO_2 的质量分数（%）表示，结果为 $\bar{x}=58.6$，$S=0.7$。若（1）$n=6$，（2）$n=3$，分别求 $P=0.90$ 时平均值的置信区间。

3-13 标定 HCl 溶液的浓度，得到下列数据：0.1011mol/L、0.1010mol/L、0.1012mol/L、0.1014mol/L。分别求置信度为 0.90 和 0.95 时平均值的置信区间。

3-14 要使在置信度为 90% 时的平均置信区间宽度不超过 $\pm S$，问至少应平行测定几次？

3-15 用两种基准物质标定 NaOH 溶液的浓度（mol/L），得到下列结果：

A：0.09795，0.09790，0.09700，0.09895；

B：0.09710，0.09795，0.09785，0.09700，0.09705。

问这两批数据之间是否存在显著差异（置信度为 0.90）？

3-16 标定某 HCl 溶液，4 次平行测定结果分别是 0.1020mol/L、0.1015mol/L、0.1013mol/L、0.1014mol/L。用 Q 检验法（$P=0.90$）判断数据 1.020 是否应该舍弃。

3-17 某样品中含铁的质量分数的 4 次平行测定结果为 25.61%，25.53%，25.54% 和 25.82%，用 Q 检验法判断是否有可疑值应舍弃（$P=0.95$）？

3-18 某人测定一溶液的浓度，结果如下：0.1038mol/L、0.1042mol/L、0.1053mol/L、0.1039mol/L。问第 3 个结果应否舍弃？若第 5 次测定结果为 0.1041，此时第 3 个结果应否舍弃？用 Q 检验法判断（$P=0.90$）。

学习任务四

酸碱滴定法

【案例引入】

小颜去超市被超市推出的黑枸杞系列饮品吸引了过去，超市的展台上依次摆放着不同颜色的黑枸杞饮品，有柠檬黑果饮品（红色）、苏打黑果饮品（绿色）、黑果饮品（蓝色）等多种。小颜在对丰富颜色好奇的情况下询问了导购人员黑果饮品呈现不同颜色的原因，小颜听完导购人员的介绍瞬间知悉了黑枸杞饮品呈现出不同颜色的奥秘。

讨论：柠檬黑果饮品（红色）、苏打黑果饮品（绿色）、黑果饮品（蓝色）为什么会呈现不同的颜色？

【思维导学】

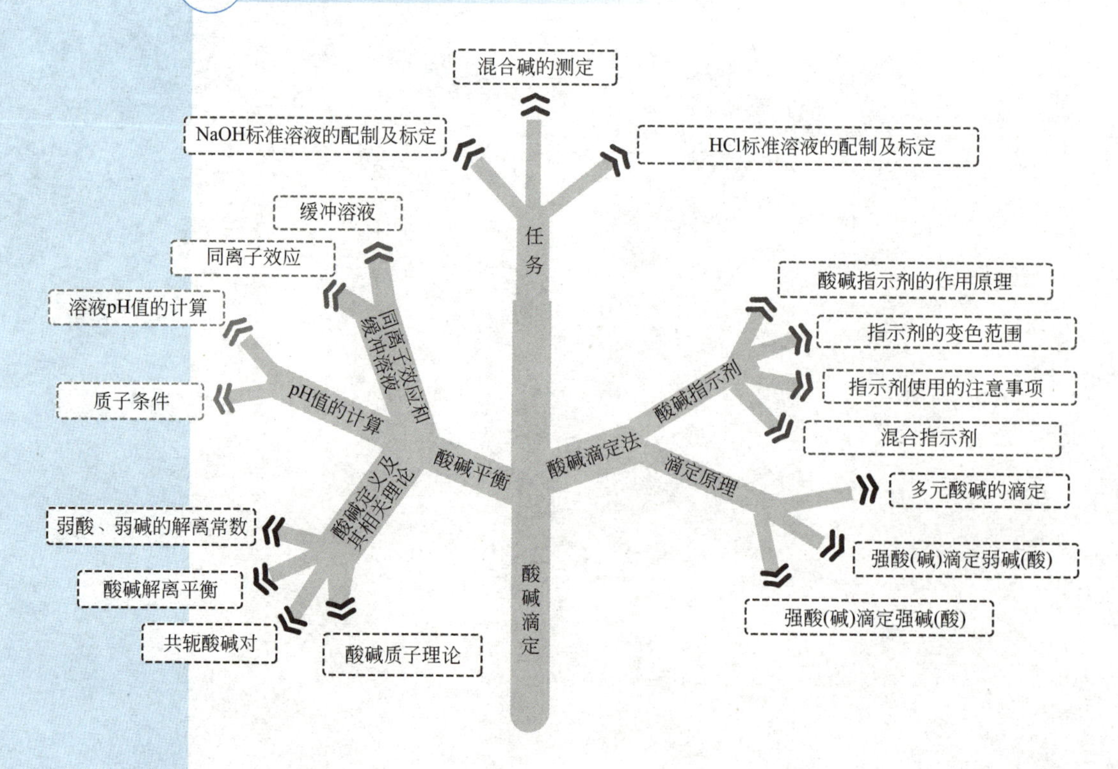

【职业综合能力】

1. 理解酸碱质子理论、酸碱指示剂的变色原理、滴定曲线的含义，能根据滴定曲线合理选择指示剂，并能正确判断滴定终点。

2. 掌握酸碱滴定分析法的基本原理、基本类型与使用条件，并能利用基准物质配制和标定酸碱滴定液。

3. 能独立完成滴定分析，根据滴定结果计算溶液浓度或待测组分的含量，并能进行误差分析，养成认真、实事求是的职业态度。

任务准备

学习单元一　酸碱定义及共相关理论

1887 年，瑞典化学家阿伦尼乌斯（S.A.Arrhenius）在电离学基础上提出了酸碱电离理论，指出在水溶液中凡是能产生 H^+ 的物质叫做酸，凡是能产生 OH^- 的物质叫做碱，酸碱反应的实质是 H^+ 与 OH^- 结合成水的过程。但是酸碱电离理论无法解释如 NH_3、$NaHCO_3$ 等水溶液的酸碱性，且不适用于非水溶液。

酸碱质子理论

一、酸碱质子理论

1923 年布朗斯特和劳莱提出了质子理论。该理论认为凡是能给出质子（H^+）的物质是酸；凡能接受质子（H^+）的物质是碱。酸碱的关系可用下式表示：

$$酸 \rightleftharpoons 质子 + 碱$$

上式称为酸碱半反应。酸（HA）给出质子后，剩余部分即是该酸的共轭碱（A^-）；而碱（A^-）接受质子后，即形成该碱的共轭酸（HA）。HA 和 A^- 称为共轭酸碱对。共轭酸碱对彼此仅相差一个质子。例如：

$$HAc \rightleftharpoons H^+ + Ac^-$$

$$NH_4^+ \rightleftharpoons H^+ + NH_3$$

$$H_2S \rightleftharpoons H^+ + HS^-$$

酸碱可以是中性分子，也可以是阳离子或阴离子，不受是否带有电荷的限制。质子理论的酸碱概念具有相对性，同一物质（如 HS^-）随具体反应的不同，可以作为酸，也可以作为碱。

二、共轭酸碱对

因一个质子得失而相互转化的酸或碱，称为共轭酸碱对，即 HA 是 A^- 的共轭酸，A^- 是 HA 的共轭碱。两种物质之间只有一个质子的差距（H^+），即 HA 与 A^-，这两种物质之间的关系称作共轭关系。

共轭酸碱对如：$HAc - Ac^-$；$H_2CO_3 - HCO_3^-$；$HCO_3^- - CO_3^{2-}$；$H_2C_2O_4 - HC_2O_4^-$；$HC_2O_4^- - C_2O_4^{2-}$；$Fe(H_2O)_6^{3+} - Fe(H_2O)_5(OH)^{2+}$。

由上例可以看出共轭酸碱对具有以下特点：

① 共轭酸碱对中酸与碱之间只差一个质子。

② 酸或碱可以是中性分子、正离子或负离子。

③ 同一物质，如 HCO_3^-，在一个共轭酸碱对中为酸，而在另一个共轭酸碱对中却为碱。这类物质称为两性物质。

酸碱解离平衡

三、酸碱解离平衡

共轭酸碱对的质子传递反应，称为酸碱半反应，酸碱质子理论认为，酸碱半反应不能独立进行。即在溶液中，当一种酸给出质子时，溶液中必定有一种碱接受质子，酸碱反应实质就是两个共轭酸碱对之间的质子传递。

$$\text{酸}(1) + \text{碱}(2) \rightleftharpoons \text{酸}(2) + \text{碱}(1)$$

总反应　$HAc+OH^- \rightleftharpoons H_2O+Ac^-$（中和反应）

半反应 1　$HAc \rightleftharpoons H^+ + Ac^-$

半反应 2　$H_2O \rightleftharpoons H^+ + OH^-$

总反应　$HAc+H_2O \rightleftharpoons H_3O^+ + Ac^-$（酸碱解离）

【练一练】请写出上式中的半反应。

在上述两个酸碱对互相作用而达到的平衡中，H_2O 分子起的作用不相同，前一个平衡中，水充当酸，后一个平衡中，水充当碱，因此水称为两性溶剂。

由于水分子的两性作用，水分子之间也可以发生质子的传递反应，如下式：

$$H_2O+H_2O \rightleftharpoons H_3O^+ + OH^-$$

这种水分子之间发生的质子传递反应，称为质子自递反应。反应的平衡常数称为水的质子自递常数，用 K_w 表示。

$$K_w=[H_3O^+][OH^-]$$

水合质子 H_3O^+ 常常简写为 H^+，因此水的自递常数简写为：

$$K_w=[H^+][OH^-]$$

$$K_w=10^{-14}\ (25℃)$$

四、弱酸、弱碱的解离常数

强酸（或强碱）在水溶液中能完全解离，不存在解离平衡，H^+（或 OH^-）浓度应按强酸（或强碱）完全解离的化学计量关系计算。例如

$$HCl+H_2O \longrightarrow H_3O^+ + Cl^- \quad \text{简写为} \quad HCl \longrightarrow H^+ + Cl^-$$

则

$$c_{H^+}=c_{HCl}$$

$$NaOH \longrightarrow Na^+ + OH^-$$

则 $$c_{OH^-}=c_{NaOH}$$

弱酸（或弱碱）一经溶入水中，随即发生质子传递反应，并产生相应的共轭碱（或共轭酸）。在一定温度下，可达到动态平衡状态，其平衡常数称为弱酸（或弱碱）的解离常数，分别用 $K_a^\ominus$（或 $K_b^\ominus$）表示。

半反应 1 $NH_3+H^+ \rightleftharpoons NH_4^+$

半反应 2 $H_2O \rightleftharpoons H^++OH^-$

【练一练】请写出上式中的总反应。

学习单元二 酸碱溶液pH值的计算

在酸碱滴定过程中，观察外观没有明显的现象，但溶液的 pH 值不断发生变化。通过计算滴定过程中的 pH 值来掌握滴定过程中溶液 pH 值的变化规律。

一、质子条件

酸碱反应就是质子的传递反应，且多数情况下溶剂分子也参与了这种传递，因此，在处理溶液中酸碱反应的平衡问题时，应把溶剂也考虑进去。当酸碱反应达到平衡时，酸失去质子的量等于碱得到质子的量。根据酸碱反应整个平衡体系中质子转移的数量关系列出的等式，称为质子条件，列出质子条件的步骤为：先选择溶液中大量存在并参与质子转移的物质作为参考水平，然后判断哪些物质得到了质子，哪些物质失去了质子，根据得失质子产物的平衡浓度，建立等量关系即质子条件，从而计算溶液的 $[H^+]$。

例如，在一元弱酸 HAc 溶液中，存在并参加质子转移的物质是 HAc 和 H_2O，整个平衡体系中质子转移的反应有以下两种。

HAc 的解离： $HAc+H_2O \rightleftharpoons H_3O^++Ac^-$

H_2O 的质子自递： $H_2O+H_2O \rightleftharpoons H_3O^++OH^-$

选择 HAc 和 H_2O 作为参考水平，以参考水平 H_2O 为基准，得质子的产物是 H_3O^+（水合质子），失质子的产物是 Ac^- 和 OH^-，根据得失质子平衡写出的质子条件式如下：

$$[H^+]=[Ac^-]+[OH^-]$$

如对于 Na_2CO_3 的水溶液，存在下列反应：

$$CO_3^{2-}+H_2O \rightleftharpoons HCO_3^-+OH^-$$

$$CO_3^{2-}+2H_2O \rightleftharpoons H_2CO_3+2OH^-$$

$$H_2O \rightleftharpoons H^++OH^-$$

可以选择 CO_3^{2-} 和 H_2O 作为参考水平。将各种存在形式与参考水平相比较，可知 OH^- 为失质子的产物，并且其中 H_2CO_3 得到 2 个质子，在列出质子条件时应在 $[H_2CO_3]$ 前乘以系数 2，以使得失质子的物质的量相等。因此，Na_2CO_3 的质子条件为：

$$[H^+]+[HCO_3^-]+2[H_2CO_3]=\!=[OH^-]$$

【练一练】写出 $NaHCO_3$ 水溶液的质子条件。

酸碱溶液 pH 的计算

二、强酸（碱）溶液 H^+ 浓度的计算

强酸在水溶液中全部解离，pH 值的计算较为简单，例如 0.1mol/L 的盐酸溶液，$[H^+]$=0.1mol/L，pH=1。

三、一元弱酸（碱）溶液 H^+ 浓度的计算

在浓度为 c（mol/L）的弱酸 HA 水溶液中，存在下列平衡：

$$HA \rightleftharpoons H^++A^- \qquad K_a=\frac{[H^+][A^-]}{[HA]}$$

$$H_2O \rightleftharpoons H^++OH^- \qquad K_w=[H^+][OH^-]$$

质子条件式为：$[H^+]=[OH^-]+[A^-]$

把 $[A^-]=K_a\dfrac{[HA]}{[H^+]}$ 及 $[OH^-]=K_w/[H^+]$ 代入质子条件式可得：

$$[H^+]=\sqrt{K_a[HA]+K_w}$$

为计算一元弱酸溶液中 $[H^+]$ 的精确公式。式中，[HA] 为 HA 的平衡浓度。

若计算 $[H^+]$ 允许有 5% 的误差，同时满足 $c/K_a \geqslant 500$ 和 $c/K_a \geqslant 20K_w$（c 表示一元酸的浓度）两个条件，式子可进一步简化为：

$$[H^+]=\sqrt{cK_a}$$

【例 4-1】计算 0.1mol/L 的弱酸 HAc 水溶液的 pH 值。

解： 已知 HAc 的 $K_a=1.8\times10^{-5}$，[HAc]=0.1mol/L

代入公式计算得 $c/K_a>500$ 和 $cK_a>20K_w$

故 $$[H^+]=\sqrt{cK_a}=\sqrt{0.1\times1.8\times10^{-5}}=1.34\times10^{-3}\text{（mol/L）}$$

$$pH=2.87$$

四、二元弱酸（碱）溶液 H^+ 浓度的计算

如 $NaHCO_3$、NaH_2PO_4、邻苯二甲酸氢钾等，在水溶液中既可给出质子显酸性，又可接受质子显碱性，其酸碱平衡是较为复杂的，但在计算 $[H^+]$ 时，仍可以作合理的简化处理。以 $NaHCO_3$ 为例，其质子条件为：

$$[H^+]+[H_2CO_3]=\!=[CO_3^{2-}]+[OH^-]$$

以平衡关系式 $[H_2CO_3]=[H^+][HCO_3^-]/K_{a_1}$、$[CO_3^{2-}]=K_{a_2}[HCO_3^-]/[H^+]$ 代入上式，并经整理得：

$$[H^+]=\sqrt{\frac{K_{a_1}(K_{a_2}[HCO_3^-])+K_w}{K_{a_1}+[HCO_3^-]}}$$

若 $cK_{a_2}\geqslant 20K_w$ 且 $c/K_{a_1}\geqslant 20$，上式可简化为：

$$[H^+]=\sqrt{K_{a_1}K_{a_2}}$$

此公式为最简式。但值得注意的是，最简式只有在浓度不是很小，$c>20K_{a_1}$，且水的解离可以忽略的情况下才能应用。

学习单元三　同离子效应和缓冲溶液

一、同离子效应

在酸碱平衡中，在弱电解质溶液中加入含有与该弱电解质具有相同离子的强电解质，从而使弱电解质的解离平衡朝着生成弱电解质分子的方向移动，弱电解质的解离度降低的效应称为同离子效应。

例如：向 HAc 溶液中加入 NaAc（或 HCl）溶液时，会因增大 Ac^-（或 H^+）的浓度，而使 HAc 的解离平衡向左移动，HAc 的解离度降低。

$H^++Cl^- \longleftarrow HCl$

平衡移动方向　+

$HAc \rightleftharpoons H^+ + Ac^-$

平衡移动方向　+

$Ac^-+Na^+ \longleftarrow NaAc$

【练一练】向 $NH_3·H_2O$ 溶液中加入 NH_4Cl 溶液时会发生哪些情况？平衡向哪个方向移动？哪个离子的解离度会降低？

二、缓冲溶液

缓冲溶液在分析化学中具有重要的使用价值，因为化学反应与分析测定均需在一定的酸度下进行。

缓冲溶液能在一定程度上抵消、减轻外加少量强酸或强碱对溶液酸碱度的影响，从而保持溶液的 pH 值相对稳定。缓冲溶液是由弱酸及其盐、弱碱及其盐组成的混合溶液，如 HAc-NaAc、NH_4Cl-NH_3、H_2CO_3-$NaHCO_3$、$NaHCO_3$-Na_2CO_3 等溶液。

缓冲溶液的缓冲作用是由其组成决定的。例如，在由 HAc、NaAc 构成的 HAc-NaAc 缓冲溶液中，NaAc 完全解离，而 HAc 存在如下解离平衡：

缓冲溶液及 pH 的计算

$$HAc \rightleftharpoons H^++Ac^-$$

NaAc 提供了大量 Ac^-，由于同离子效应，降低了 HAc 的解离度，致使溶液中存在着大量 HAc 分子。大量存在的 Ac^- 和 HAc 分子分别称为抗酸组分和抗碱组分。

当向溶液中加入少量强酸时，由强酸解离的 H^+ 与溶液中大量存在的

Ac^-结合成HAc，则HAc解离平衡向左移动，H^+浓度没有显著变化，溶液pH值基本不变。

若向溶液中加入少量强碱，由于OH^-与H^+结合生成水，使HAc解离平衡向右移动，HAc进一步解离，溶液中H^+浓度基本不变，pH值仍很稳定，即溶液中大量存在的HAc具有抗碱的作用。

当适度稀释时，由于HAc和Ac^-的浓度同时降低，c_{HAc}与c_{Ac^-}比值基本不变，则缓冲溶液的pH值基本保持不变。

岗位小帮手

序号	缓冲溶液名称	配制方法	pH值
1	氯化钾-盐酸	13.0mL 0.2mol/LHCl与25.0mL 0.2mol/L KCl混合均匀后，加水稀释至100mL	1.7
2	氨基乙酸-盐酸	在500mL水中溶解氨基乙酸150g，加480mL浓盐酸，再加水稀释至1L	2.3
3	一氯乙酸-氢氧化钠	在200mL水中溶解2g一氯乙酸后，加40g NaOH，溶解完全后再加水稀释至1L	2.8
4	邻苯二甲酸氢钾-盐酸	把25.0mL 0.2mol/L的邻苯二甲酸氢钾溶液与6.0mL 0.1mol/L HCl混合均匀，加水稀释至100mL	3.6
5	邻苯二甲酸氢钾-氢氧化钠	把25.0mL 0.2mol/L的邻苯二甲酸氢钾溶液与17.5mL 0.1mol/L NaOH混合均匀，加水稀释至100mL	4.8
6	六亚甲基四胺-盐酸	在200mL水中溶解六亚甲基四胺40g，加浓HCl 10mL，再加水稀释至1L	5.4
7	磷酸二氢钾-氢氧化钠	把25.0mL 0.2mol/L的磷酸二氢钾与23.6mL 0.1mol/L NaOH混合均匀，加水稀释至100mL	6.8
8	硼酸-氯化钾-氢氧化钠	把25.0mL 0.2mol/L的硼酸-氯化钾与4.0mL 0.1mol/L NaOH混合均匀，加水稀释至100mL	8.0
9	氯化铵-氨水	把0.1mol/L氯化铵与0.1mol/L氨水以2∶1比例混合均匀	9.1

匠心铸魂

人体内的酸碱平衡

人体内也存在着酸碱平衡。那么人体酸碱平衡又是怎么一回事呢？人体在正常代谢过程中，不断产生酸性物质和碱性物质，也从日常膳食中摄取酸性物质和碱性物质，酸性物质和碱性物质在人体内不断变化，这种变化必须依靠机体的调节功能来保持相对平衡。这个平衡就是酸碱平衡，平衡的pH值范围为7.35～7.45，呈弱碱性。这一pH值最适合于细胞代谢及整个机体的生存。人体的一切生理机能变化和生化反应都是在稳定的pH值条件下进行的，如细胞蛋白质合成、能量交换、信息处理、酶的活性发挥等都需要一个稳定的酸碱度环境。如果人体pH值高于7.45或低于7.35，人就会发生病变。所以人体需要酸碱平衡来保持身体的健康。

1. 人体内酸性物质的来源：来源最多的酸性物质是糖、脂、蛋白质等分解产生的二氧化碳。CO_2与H_2O在碳酸酐酶作用下结合成H_2CO_3，后

者又可解离成 CO_2 从肺排出，故称挥发性酸。

代谢产生的乳酸、丙酮酸、酮体、H_2SO_4、尿酸、磷酸等称固定性酸或非挥发性酸。

2. 人体内碱性物质的来源：如氨基酸分解产生的 NH_3，水果蔬菜中的草酸钾、柠檬酸钾，某些碱性药物等。机体代谢产生的碱性物质少于酸性物质。

学习单元四 酸碱指示剂原理

一、酸碱指示剂的作用原理

酸碱指示剂

酸碱指示剂一般是一些结构复杂的有机弱酸或弱碱，其共轭酸碱具有不同的颜色。当溶液的 pH 值变化时，酸式失去质子转变为碱式，或碱式得到质子转化为酸式，因其酸式及碱式具有不同的颜色，所以结构上的变化将引起颜色的变化。例如，酚酞指示剂是一种有机弱酸，用 HIn 表示，它在水溶液中发生如下解离作用和颜色变化：

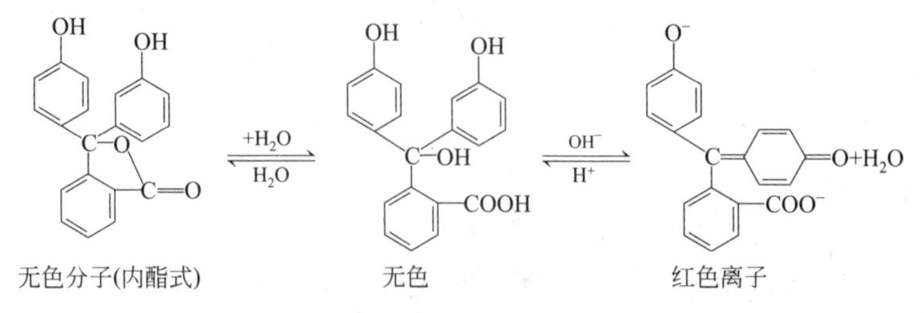

无色分子(内酯式)　　无色　　红色离子

这个变化过程是可逆的，当 OH^- 浓度增大时，平衡向右移动，酚酞由无色分子变为红色离子；当 H^+ 浓度增大时，平衡向左移动，酚酞由红色离子最终变成无色分子。在这里，还需注意：酚酞在浓碱溶液中，会转变成羧酸盐式的离子结构，也呈现无色。酚酞指示剂在 pH=8.0 ～ 10.0 时，由无色逐渐变为红色。常将指示剂颜色变化的 pH 值区间称为“变色范围”。

甲基橙是一种有机弱碱，它在水溶液中有如下解离平衡和颜色变化：

$$(CH_3)_2N-C_6H_4-N=N-C_6H_4-SO_3^- \underset{OH^-}{\overset{H^+}{\rightleftharpoons}} (CH_3)_2\overset{+}{N}=C_6H_4=N-\overset{H}{N}-C_6H_4-SO_3^-$$

黄色　　红色

由平衡关系可见，当溶液中 H^+ 浓度增大时，反应向右移动，甲基橙主要以醌式存在，呈现红色；当溶液中 OH^- 浓度增大时，则平衡向左移动，以偶氮式存在，呈现黄色。当溶液的 $pH < 3.1$ 时，甲基橙为红色，$pH > 4.4$，则为黄色，因此 pH=3.1 ～ 4.4 为甲基橙的变色范围。

二、指示剂的变色范围

为了进一步说明指示剂颜色变化与酸度的关系，现以 HIn 表示指示剂酸式，以 In^- 代表指示剂碱式，在溶液中指示剂的解离平衡用下式表示：

$$HIn \rightleftharpoons H^+ + In^-$$

（酸式）（碱式）

$$K_{HIn}=[H^+]\frac{[In^-]}{[HIn]}$$

或

$$\frac{K_{HIn}}{[H^+]}=\frac{[In^-]}{[HIn]}$$

式中，K_{HIn} 为指示剂的解离常数。由上式可知，溶液的颜色由 $\frac{[In^-]}{[HIn]}$ 来决定，此比值与 K_{HIn} 和 $[H^+]$ 有关。在一定温度下，K_{HIn} 为一常数，因此 $\frac{[In^-]}{[HIn]}$ 仅为 $[H^+]$ 的函数，即 $[H^+]$ 发生改变，$\frac{[In^-]}{[HIn]}$ 随之改变。由于人辨别颜色的能力有限，一般说来，当 $\frac{[In^-]}{[HIn]} \geqslant 10$，观察到的是碱式 In^- 的颜色；当 $\frac{[In^-]}{[HIn]} \leqslant \frac{1}{10}$，观察到的是酸式 HIn 的颜色。当 $10 > \frac{[In^-]}{[HIn]} > \frac{1}{10}$ 时，指示剂呈混合色，在该范围内，$\frac{[In^-]}{[HIn]}$ 变化所引起溶液的颜色变化人眼一般难以辨别。

当 $\frac{[In^-]}{[HIn]} \geqslant 10$ 时，　　$pH=pK_{HIn}+1$

当 $\frac{[In^-]}{[HIn]} \leqslant \frac{1}{10}$ 时，　　$pH=pK_{HIn}-1$

把 $pH=pK_{HIn}\pm1$ 称为指示剂变色的 pH 值范围。当 $\frac{[In^-]}{[HIn]}=1$ 时，两者浓度相等，溶液表现出酸式色和碱式色的中间颜色，此时 $pH=pK_{HIn}$，称为指示剂的理论变色点。

由上述讨论可知，指示剂的理论变色范围为 $pH=pK_{HIn}\pm1$，为 2 个 pH 单位，但实际观察到的大多数指示剂的变化范围小于 2 个 pH 单位，且指示剂的理论变色点不是变色范围的中间点。这是由于人们对不同颜色的敏感程度的差别造成的。另外，溶液的温度也影响指示剂的变色范围。

岗位小帮手

常用的酸碱指示剂

指示剂	酸式色	碱式色	pK_a	变色范围（pH 值）	用法
百里酚蓝（第一次变色）	红色	黄色	1.6	1.2 ～ 2.8	0.1% 的 20% 乙醇溶液
甲基黄	红色	黄色	3.3	2.9 ～ 4.0	0.1% 的 90% 乙醇溶液
甲基橙	红色	黄色	3.4	3.1 ～ 4.4	0.05% 的水溶液

续表

指示剂	酸式色	碱式色	pK_a	变色范围（pH 值）	用法
溴酚蓝	黄色	紫色	4.1	3.1 ～ 4.6	0.1% 的 20% 乙醇溶液或其钠盐的水溶液
溴甲酚绿	黄色	蓝色	4.9	3.8 ～ 5.4	0.1% 的水溶液，每 100mg 指示剂加 0.05mol/L NaOH 9mL
甲基红	红色	黄色	5.2	4.4 ～ 6.2	0.1% 的 60% 乙醇溶液或其钠盐的水溶液
溴百里酚蓝	黄色	蓝色	7.3	6.0 ～ 7.6	0.1% 的 20% 乙醇溶液或其钠盐的水溶液
中性红	红色	黄橙色	7.4	6.8 ～ 8.0	0.1% 的 60% 乙醇溶液
酚红	黄色	红色	8.0	6.7 ～ 8.4	0.1% 的 60% 乙醇溶液或其钠盐的水溶液
百里酚蓝（第二次变色）	黄色	蓝色	8.9	8.0 ～ 9.6	0.1% 的 20% 乙醇溶液
酚酞	无色	红色	9.1	8.0 ～ 9.6	0.1% 的 90% 乙醇溶液
百里酚酞	无色	蓝色	10.0	9.4 ～ 10.6	0.1% 的 90% 乙醇溶液

三、使用酸碱指示剂时应注意的问题

1. 指示剂的用量

滴定分析中，指示剂加入量的多少也会影响变色的敏锐程度。况且指示剂本身就是有机弱酸或弱碱，也要消耗滴定剂，影响分析结果的准确度。因此，一般地讲，指示剂用量应适当少一些，变色会明显一些，引入的误差也小一些。

2. 溶液的温度

指示剂的变色范围为 $pH=pK_{HIn}\pm1$，当溶液的温度变化时，指示剂的 pK_{HIn} 随之变化，指示剂变色范围也将改变。例如，10℃时，甲基橙的变色范围为3.1～4.4，而100℃时，则为2.5～3.7。一般酸碱滴定在常温下进行。

3. 颜色变化易于识别

由于深色较浅色明显，所以当溶液由浅色变为深色时，肉眼容易辨别出来。例如，酸滴定碱时选用甲基橙为指示剂，终点颜色由黄色变为橙色，颜色转变敏锐。同样，用碱滴定酸时，选用酚酞为指示剂，终点颜色由无色变为红色比较敏锐。

4. 溶剂

指示剂在不同的溶剂中其 pK_{HIn} 是不同的。例如，甲基橙在水溶液中 $pK_{HIn}=3.4$，在甲醇中 $pK_{HIn}=3.8$，因此指示剂在不同的溶剂中具有不同的变色范围。

四、混合指示剂

在酸碱滴定中，有时需要将滴定终点控制在很窄的 pH 值范围内，此时可采用混合指示剂。混合指示剂有两类：一类是由两种或两种以上的指示剂混合而成，利用颜色的互补作用，使指示剂变色范围变窄，变色更敏锐，有利于终点的判断，减少滴定误差，提高分析准确度。例如，溴甲酚绿（pK_a=4.9）和甲基红（pK_a=5.2）两者按 3∶1 混合后，在 pH < 5.1 的溶液中呈酒红色，而在 pH > 5.1 的溶液中呈绿色，且变色非常敏锐。另一类混合指示剂是在某种指示剂中加入另一种惰性染料组成。例如，采用中性红与亚甲基蓝混合而配制的指示剂，当配比为 1∶1 时，混合指示剂在 pH=7.0 时呈现蓝紫色，其酸色为蓝紫色，碱色为绿色，变色也很敏锐。

岗位小帮手

几种常用的混合指示剂

指示剂组成	变色点	酸式色	碱式色	备注
1 份 0.1% 甲基橙水溶液 1 份 0.25% 靛蓝磺酸钠水溶液	4.1	紫	黄绿	pH=4.1 灰色
3 份 0.1% 溴甲酚绿乙醇溶液 1 份 0.2% 甲基红乙醇溶液	5.1	酒红	绿	pH=5.1 灰色
1 份 0.1% 溴甲酚绿钠盐水溶液 1 份 0.1% 氯酚红钠盐水溶液	6.1	黄绿	蓝紫	
1 份 0.1% 中性红乙醇溶液 1 份 0.1% 亚甲基蓝乙醇溶液	7.0	蓝紫	绿	
1 份 0.1% 甲酚红钠盐水溶液 3 份 0.1% 百里酚蓝钠盐水溶液	8.3	黄	紫	
1 份 0.1% 百里酚蓝的 50% 乙醇溶液 3 份 0.1% 酚酞的 50% 乙醇溶液	9.0	黄	紫	黄 - 绿 - 紫

如果把甲基红、溴百里酚蓝、百里酚蓝、酚酞按一定比例混合，溶于乙醇，配成混合指示剂，可随溶液 pH 值的变化而呈现不同的颜色。实验室中使用的 pH 试纸就是基于混合指示剂的原理而制成的。

学习单元五　酸碱滴定原理

酸碱滴定原理

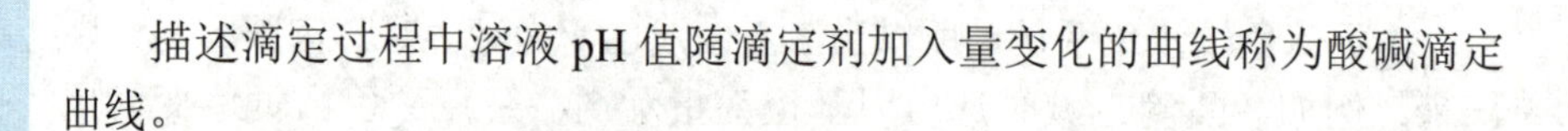

描述滴定过程中溶液 pH 值随滴定剂加入量变化的曲线称为酸碱滴定曲线。

一、强酸（碱）滴定强碱（酸）

1. 滴定过程 pH 值计算

以 0.1000mol/L NaOH 溶液滴定 20.00mL 0.1000mol/L HCl 溶液为例，讨论滴定过程中溶液 pH 值的变化。

① 滴定开始前　溶液的 pH 值由 HCl 溶液的酸度决定

$$[H^+]=0.1000\text{mol/L} \quad \text{pH}=1.00$$

② 滴定开始至化学计量点前　溶液的 pH 值由剩余 HCl 溶液的酸度决定。当滴入 NaOH 19.98mL 时

$$[H^+]=0.1000\times\frac{20.00-19.98}{20.00+19.98}=5.00\times10^{-5}\text{mol/L} \qquad \text{pH}=4.30$$

③ 化学计量点时　溶液的 pH 值由生成物的解离决定。此时溶液中 HCl 与 NaOH 完全中和，产物为 NaCl 和 H_2O，因此溶液呈中性。

$$[H^+]=[OH^-]=1.0\times10^{-7}mol/L \qquad pH=7.00$$

④ 化学计量点后　溶液的 pH 值由过量的 NaOH 决定。当滴入 NaOH 20.02mL 时

$$[OH^-]=0.1000\times\frac{20.02-20.00}{20.02+20.00}=5.00\times10^{-5}(mol/L)$$

$$pOH=4.30 \qquad pH=9.70$$

滴定过程中溶液 pH 值的变化如表 4-1 所示。

表 4-1　0.1000mol/L NaOH 溶液滴定 20.00mL 0.1000mol/L HCl 溶液滴定过程中溶液 pH 值的变化

加入 NaOH 溶液的体积 /mL	滴定分数 α/%	剩余 HCl 溶液的体积 /mL	过量 NaOH 溶液的体积 /mL	pH 值	备注
0.00	0	20.00		1.00	
18.00	90.0	2.00		2.28	
19.80	99.0	0.20		3.30	
19.98	99.9	0.02		4.30	滴定突跃范围
20.00	100.0	0		7.00	
20.02	100.1		0.02	9.70	
20.20	101.1		0.20	10.70	
22.00	110.0		2.00	11.70	
40.00	200.0		20.00	12.52	

2. 滴定曲线和滴定突跃

以 NaOH 溶液加入量（滴定分数）为横坐标，对应的 pH 值为纵坐标，绘制 pH-V（或滴定分数）关系曲线，把这种表示滴定过程中溶液 pH 值变化情况的曲线称为酸碱滴定曲线。用 0.1000mol/L NaOH 溶液滴定 20.00mL 0.1000mol/L HCl 溶液的滴定曲线如图 4-1 所示。不同浓度 NaOH 溶液滴定不同浓度 HCl 溶液的滴定曲线如图 4-2 所示。根据表 4-1 和图 4-1 可知，从滴定开始到加入 19.98mL NaOH 溶液，pH 值仅改变了 3.3 个单位，而在化学计量点附近，加入 1 滴 NaOH 溶液就使溶液的 pH 值发生大幅度改变，pH 值由 4.30 急剧增加到 9.70，改变了 5.4 个单位，溶液由酸性变为碱性。在整个过程中，只有在化学计量点前后很小的范围内，溶液的 pH 值变化最大，滴定曲线上出现了一段垂直线。通常将化学计量点前后加入的滴定剂由不足量 0.1% 到过量 0.1% 引起的 pH 值变化范围称为滴定突跃。0.1000mol/L 强碱滴定 0.1000mol/L 强酸的突跃范围在 4.30 ～ 9.70 之间，化学计量点恰好在突跃范围的中间（pH=7.00）。

二、强酸（碱）滴定弱碱（酸）

滴定一元弱酸（或一元弱碱），其他化学计量点的 pH 值取决于共轭碱（或共轭酸）。讨论这一类滴定曲线也分为四个阶段。

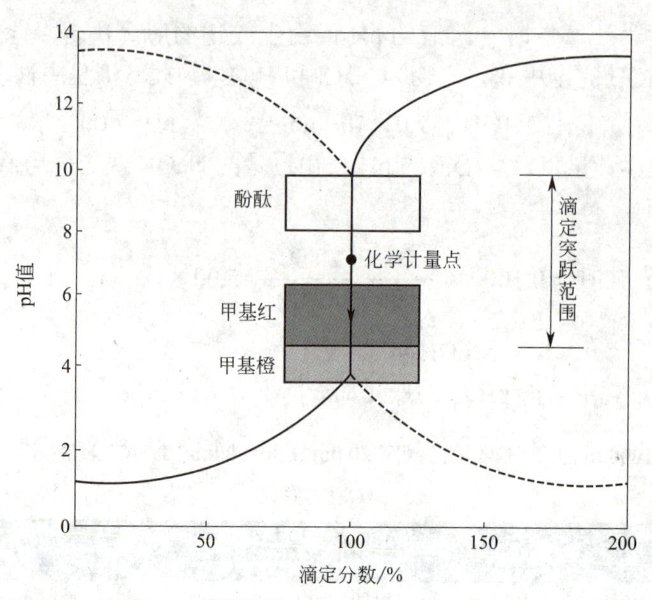

图 4-1　0.1000mol/L NaOH 溶液滴定 20.00mL 0.1000mol/L HCl 溶液的滴定曲线

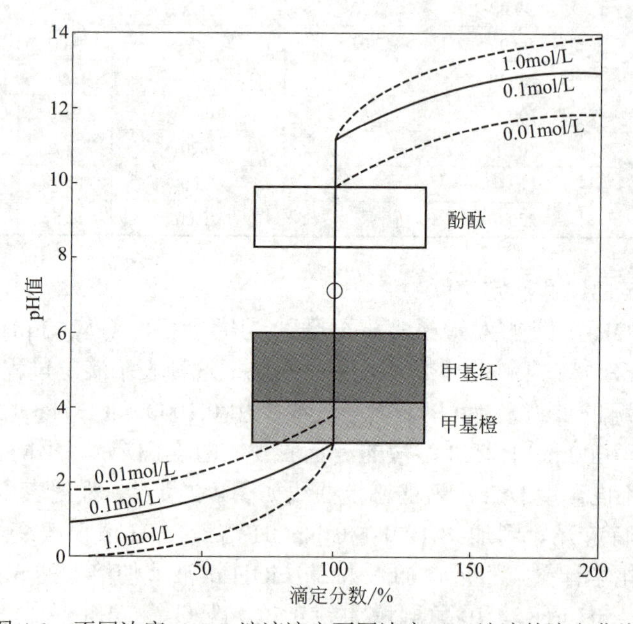

图 4-2　不同浓度 NaOH 溶液滴定不同浓度 HCl 溶液的滴定曲线

例如，以 0.1000mol/L NaOH 溶液滴定 20.00mL 0.1000mol/L HAc 溶液为例，具体变化如表 4-2 所示。

$$HAc+OH^- \rightleftharpoons H_2O+Ac^-$$

表 4-2　以 0.1000mol/L NaOH 溶液滴定 20.00mL 0.1000mol/L HAc 溶液 pH 值具体变化

滴定过程	加入 NaOH 的体积 V/mL	滴定分数 a/%	计算式	pH 值
滴定开始前	0.00	0	$[H^+]=\sqrt{cK_a}$	2.88

续表

滴定过程	加入 NaOH 的体积 V/mL	滴定分数 a/%	计算式	pH 值
滴定至化学计量点前	10.00 18.00 19.80 19.96 19.98	50.0 90.0 99.0 99.8 99.9	$[H^+]=K_a\dfrac{[HAc]}{[Ac^-]}$	4.76 5.71 6.76 7.46 7.76
化学计量点时	20.00	100.0	$[OH^-]=\sqrt{\dfrac{K_w^\ominus}{K_a}[Ac^-]}$	8.73
化学计量点后	20.02 20.04 20.20 22.00	100.1 100.2 101.0 110.0	$[OH^-]=c_{NaOH\ 过量}$	9.70 10.00 10.70 11.68

根据滴定分数与 pH 值绘出滴定曲线，见图 4-3。

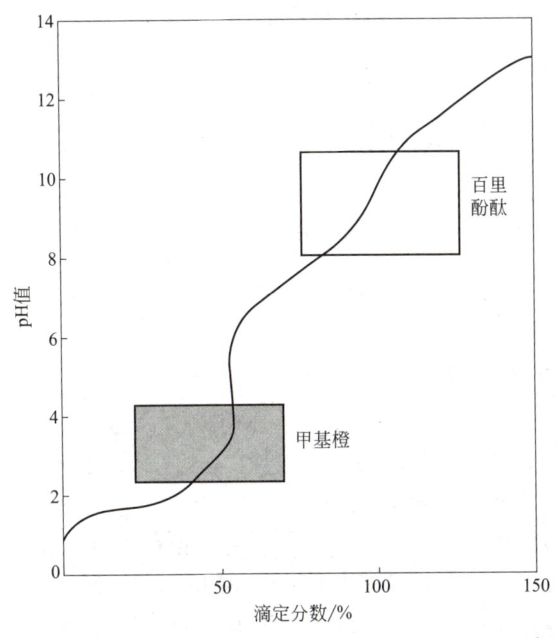

图 4-3　0.1000mol/L NaOH 溶液滴定 20.00mL 0.1000mol/L HAc 溶液的滴定曲线

三、多元酸碱的滴定

① 强碱滴定多元酸　多元酸在水溶液中的解离分步进行，因此多元酸碱滴定需要解决的主要问题是能否准确分步滴定及如何选择指示剂。其滴定可行性判断原则如下：

当 $cK_{a_1}^\ominus \geqslant 10^{-8}$，其第一步解离的 H^+ 可被直接滴定。

当 $cK_{a_1}^\ominus \geqslant 10^{-8}$，$cK_{a_2}^\ominus \geqslant 10^{-8}$，$K_{a_1}^\ominus/K_{a_2}^\ominus \geqslant 10^{-5}$，可分步滴定，出现两个滴定突跃。

当 $cK_{a_1}^\ominus \geqslant 10^{-8}$，$cK_{a_2}^\ominus \geqslant 10^{-8}$，$K_{a_1}^\ominus/K_{a_2}^\ominus < 10^{-5}$，不能分步滴定，只出现一个滴定突跃。

当 $cK_{a_1}^\ominus \geqslant 10^{-8}$，$cK_{a_2}^\ominus < 10^{-8}$，$K_{a_1}^\ominus/K_{a_2}^\ominus \geqslant 10^{-5}$，第一步解离的 H^+ 可被滴定，第二步解离的 H^+ 不能被滴定。

【案例分析 4-1】0.1000mol/L NaOH 标准溶液滴定 0.1000mol/L H_3PO_4 溶液时，H_3PO_4 首先被滴定成 $H_2PO_4^-$：

$$H_3PO_4+NaOH \longrightarrow NaH_2PO_4+H_2O$$

第一化学计量点时，pH=4.68（可选用甲基橙作为指示剂）。继续用 NaOH 标准溶液滴定，$H_2PO_4^-$ 被进一步转化成 HPO_4^{2-}：

$$NaH_2PO_4+NaOH \longrightarrow Na_2HPO_4+H_2O$$

第二化学计量点时，pH=9.76（可选用百里酚酞作为指示剂）。

第三化学计量点时，因 pK_{a_3}=12.32，说明 H_3PO_4 很弱，因此无法直接用 NaOH 标准溶液滴定，若在溶液中加入 $CaCl_2$ 溶液，会发生如下反应：

$$2HPO_4^{2-}+3Ca^{2+} \longrightarrow Ca_3(PO_4)_2\downarrow+2H^+$$

则弱酸转化成强酸，就可以用 NaOH 直接滴定。

② 强酸滴定多元碱　滴定方法与多元酸的滴定相似，只需将 $cK_a^\ominus$ 换成 $cK_b^\ominus$ 即可。

【案例分析 4-2】Na_2CO_3 的滴定，Na_2CO_3 是二元碱，在水溶液中解离平衡为：

$$CO_3^{2-}+H_2O \rightleftharpoons HCO_3^-+OH^- \qquad pK_{b_1}^\ominus=3.75$$

$$CO_3^{2-}+2H_2O \rightleftharpoons H_2CO_3+2OH^- \qquad pK_{b_2}^\ominus=7.62$$

在满足一般分析要求下，Na_2CO_3 还是能够进行分步滴定的，只是滴定突跃较小。如果用 HCl 滴定，则第一步生成：

$$HCl+Na_2CO_3 \longrightarrow NaHCO_3+NaCl$$

继续用 HCl 滴定，则生成的 $NaHCO_3$ 进一步反应生成碱性更弱的 H_2CO_3，H_2CO_3 不稳定，很容易分解生成 CO_2 与 H_2O。

第一化学计量点按 $[H^+]=\sqrt{K_{a_1}^\ominus K_{a_2}^\ominus}$ 计算，pH=8.31。用甲基红与百里酚蓝混合指示剂。第二计量点时，是 CO_2 饱和溶液，浓度为 0.04mol/L，按 $[H^+]=\sqrt{cK_{a_1}}$ 计算，pH=3.98，用甲基橙作指示剂。但应注意，此时在室温下易形成 CO_2 过饱和溶液，使终点出现过早。因此，临近终点时，要剧烈摇动溶液以加快 H_2CO_3 分解，或热煮沸使 CO_2 逸出，冷却后再继续滴定。

趣味驿站

自制酸碱指示剂

知识来源于生活，服务于生活。野生黑枸杞是青海特色产业，我们也可以利用它来做一份属于自己的酸碱指示剂哦。

首先准备少量黑枸杞，用 16℃ 的温水浸泡 10min，搅拌并过滤后，得紫色浸液。随后把紫色浸液分成两部分或多部分，分别放入酸性物质和碱性物质，你就可以观察到不同的颜色了。

用黑枸杞自制的指示剂遇酸变为红色，遇碱变为蓝色。且浸泡颜色随酸碱度升高而加深，多次实验后，发现 pH 值不足 4 和超过 12 后，指示剂颜色变化不明显，自制黑枸杞酸碱指示剂颜色变化的 pH 值范围为 3 ～ 13。

任务实施

任务一　NaOH 标准溶液的配制及标定

NaOH 标准溶液的配制及标定

【任务描述】

某化工厂实验室需要配制 0.1000mol/L NaOH 溶液，现需要大家根据企业要求配制接近 0.1000mol/L 的 NaOH 溶液，并准确标定计算出 NaOH 溶液的浓度。

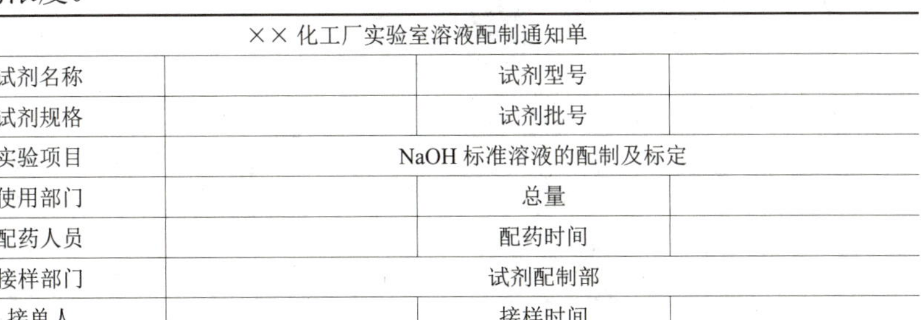

××化工厂实验室溶液配制通知单

试剂名称		试剂型号	
试剂规格		试剂批号	
实验项目	NaOH 标准溶液的配制及标定		
使用部门		总量	
配药人员		配药时间	
接样部门	试剂配制部		
接单人		接样时间	

【任务分析】

在配制 NaOH 溶液之前，首先要掌握 NaOH 的性质，知道为什么直接配制出的 NaOH 溶液浓度不精确。掌握溶液的间接配制法，并学会选择合适的基准物质，准确标定出 NaOH 溶液的浓度。

【任务目标】

1. 养成“整理、整顿、清洁、清扫、素养、安全、节约”7S 的习惯；
2. 掌握溶液的间接配制法及准确浓度计算的相关知识；
3. 掌握溶液配制及数据处理的岗位技能。

【任务具体内容】

实验设计

0.1000mol/L NaOH 标准溶液的配制及标定

仪器领用归还卡

类别	名称	规格	单位	数量	归还数量	归还情况
试剂						
仪器						
其他						

注：请爱护公共器材！在领用过程中如有破损或遗失，须按实验室制度予以赔偿！

领用时间：______年____月____日____时____分　　领用人：

归还时间：______年____月____日____时____分　　归还人：

经办人：

实验数据记录单

<table>
<tr><td colspan="8">××化工厂实验数据记录单</td></tr>
<tr><td>实验项目</td><td colspan="7">NaOH 标准溶液的配制及标定</td></tr>
<tr><td>实验时间</td><td colspan="7">_____年____月____日____时____分</td></tr>
<tr><td>实验人员</td><td colspan="7"></td></tr>
<tr><td>实验依据</td><td colspan="7"></td></tr>
<tr><td>实验条件</td><td colspan="7">温度：　　　　　　湿度：</td></tr>
<tr><td rowspan="2">物理量</td><td colspan="4">样品</td><td colspan="2">质控</td></tr>
<tr><td>1</td><td>2</td><td>3</td><td>空白</td><td>1</td><td>2</td></tr>
<tr><td>$M_{前}$/g</td><td></td><td></td><td></td><td></td><td></td><td></td></tr>
<tr><td>$M_{后}$/g</td><td></td><td></td><td></td><td></td><td></td><td></td></tr>
<tr><td>M/g</td><td></td><td></td><td></td><td></td><td></td><td></td></tr>
<tr><td>$V_{始}$/mL</td><td></td><td></td><td></td><td></td><td></td><td></td></tr>
<tr><td>$V_{终}$/mL</td><td></td><td></td><td></td><td></td><td></td><td></td></tr>
<tr><td>$V_{消耗}$/mL</td><td></td><td></td><td></td><td></td><td></td><td></td></tr>
<tr><td>c/（mol/L）</td><td></td><td></td><td></td><td></td><td></td><td></td></tr>
<tr><td>$\bar{c}$/（mol/L）</td><td colspan="4"></td><td></td><td></td></tr>
<tr><td>检验人签名</td><td colspan="2"></td><td colspan="2">复核人签名</td><td colspan="3"></td></tr>
<tr><td>检验日期</td><td colspan="2"></td><td colspan="2">复核日期</td><td colspan="3"></td></tr>
</table>

任务评价卡——学生自评

评价内容	评分标准	得分
实验防护（10 分）	统一穿白大褂，佩戴手套	
预习报告（10 分）	根据任务提前预习并完成预习报告	
仪器及试剂准备（10 分）	实验仪器及试剂领用符合实验需求	
团队合作（10 分）	分工明确，认真细致，具有团队协作精神	
实验过程和结果（40 分）	思路清晰，操作熟练，结果准确	
绿色环保（10 分）	试剂无浪费，废液有序回收	
7S 管理（10 分）	仪器清洗归位，实验台面清理干净	
总得分		

任务评价卡——小组自评

评价内容	评分标准	得分
任务分工（20 分）	任务分工明确，安排合理	
合作效率（20 分）	按时完成任务	
团队协作意识（20 分）	集思广益，全员参与	
实验方法分享（20 分）	逻辑清晰，表达流畅，重点突出	
实验过程和结果（20 分）	思路清晰，操作熟练，结果准确	
总得分		

任务评价卡——教师评价

项目	考核内容	配分	操作要求	考核记录	扣分说明	扣分	得分
基准物的称量（10分）	称量操作	6	检查天平水平； 清扫天平； 敲样动作正确		错一项扣 2 分		
	基准物试样称量范围	4	称量范围不超出 ±5% ~ ±10%		超出扣 4 分		
试液配制（10 分）	洗涤、试漏	2	洗涤干净、正确试漏		错一项扣 1 分		
	定量转移	2	转移动作规范		错一项扣 2 分		
	定容	6	2/3 处水平摇动； 准确稀释至刻线； 摇匀动作正确		错一项扣 2 分		
滴定操作（30 分）	洗涤、试漏、润洗	12	洗涤干净； 正确试漏； 正确润洗		错一项扣 4 分		
	滴定操作	18	滴定速度适当（3 分）； 终点控制熟练（2 分 ×3 次）； 读数正确（1 分 ×3 次）； 滴定终点判断正确（2 分 ×3 次）		根据指定分值扣分		
文明操作（5 分）	物品摆放、仪器洗涤、“三废”处理	5	仪器摆放整齐； 废纸 / 废液不乱扔； 实验台擦拭干净； 药品放回指定位置； 结束后清洗仪器		错一项扣 1 分		
数据记录（10 分）	记录、计算、有效数字保留	10	及时记录不缺项； 计算过程正确； 有效数字修约正确； 结果准确； 书写规范，有数字、有单位		错一项扣 2 分		
标定结果（20 分）	精密度	10	相对极差≤ 0.50%		扣 0 分		
			0.50%< 相对极差≤ 1.00%		扣 5 分		
			相对极差 >1.00%		扣 10 分		
	准确度	10	相对误差≤ 0.50%		扣 0 分		
			0.50%< 相对误差≤ 1.00%		扣 5 分		
			相对误差 >1.00%		扣 10 分		
质控标准（15 分）	稀释溶液	15	稀释倍数不准确		扣 5 分		
	质控范围		质控未进范围		扣 10 分		

自我分析与总结

存在的主要问题：	收获与总结：
今后改进、提高的方法：	

任务二 HCl标准溶液的配制及标定

【任务描述】

某化工厂实验室需要配制 0.1000mol/L HCl 溶液，现需要大家根据实验分析部要求配制接近 0.1000mol/L 的 HCl 溶液，并准确标定计算出 HCl 溶液的浓度。

HCl 标准溶液的配制及标定

×× 化工厂实验室溶液配制通知单			
试剂名称		试剂型号	
试剂规格		试剂批号	
实验项目			
使用部门		总量	
配药人员		配药时间	
接样部门	试剂配制部		
接单人		接样时间	

【任务分析】

HCl 溶液打开后，会有一股“白烟”冒出，是因为打开的瞬间 HCl 气体冒出，因此按照计算精确配制的 HCl 溶液浓度并不精确，需掌握 HCl 溶液的配制法，并选择合适的基准物质，准确标定出 HCl 溶液的浓度。

【任务目标】

1. 养成“整理、整顿、清洁、清扫、素养、安全、节约”7S 的习惯；
2. 掌握溶液的间接配制法及准确浓度计算的相关知识；
3. 掌握溶液配制及数据处理的岗位技能。

【任务具体内容】

实验设计

0.1000mol/L HCl 标准溶液的配制及标定

仪器领用归还卡

类别	名称	规格	单位	数量	归还数量	归还情况
试剂						
基准物质						
指示剂						
仪器						
其他						

注：请爱护公共器材！在领用过程中如有破损或遗失，须按实验室制度予以赔偿！

领用时间：______年____月____日____时____分　　领用人：

归还时间：______年____月____日____时____分　　归还人：

经办人：

实验数据记录单

<table>
<tr><td colspan="7">××化工厂实验数据记录单</td></tr>
<tr><td>实验项目</td><td colspan="6">HCl 标准溶液的配制及标定</td></tr>
<tr><td>实验时间</td><td colspan="6">____年____月____日____时____分</td></tr>
<tr><td>实验人员</td><td colspan="6"></td></tr>
<tr><td>实验依据</td><td colspan="6"></td></tr>
<tr><td>实验条件</td><td colspan="6">温度：　　　　湿度：</td></tr>
<tr><td rowspan="2">物理量</td><td colspan="4">样品</td><td colspan="2">质控</td></tr>
<tr><td>1</td><td>2</td><td>3</td><td>空白</td><td>1</td><td>2</td></tr>
<tr><td>$M_{前}$/g</td><td></td><td></td><td></td><td></td><td></td><td></td></tr>
<tr><td>$M_{后}$/g</td><td></td><td></td><td></td><td></td><td></td><td></td></tr>
<tr><td>M/g</td><td></td><td></td><td></td><td></td><td></td><td></td></tr>
<tr><td>$V_{始}$/mL</td><td></td><td></td><td></td><td></td><td></td><td></td></tr>
<tr><td>$V_{终}$/mL</td><td></td><td></td><td></td><td></td><td></td><td></td></tr>
<tr><td>$V_{消耗}$/mL</td><td></td><td></td><td></td><td></td><td></td><td></td></tr>
<tr><td>c/（mol/L）</td><td></td><td></td><td></td><td></td><td></td><td></td></tr>
<tr><td>$\bar{c}$/（mol/L）</td><td colspan="4"></td><td></td><td></td></tr>
<tr><td>检验人签名</td><td></td><td colspan="2">复核人签名</td><td colspan="3"></td></tr>
<tr><td>检验日期</td><td></td><td colspan="2">复核日期</td><td colspan="3"></td></tr>
</table>

任务评价卡——学生自评

评价内容	评分标准	得分
实验防护（10分）	统一穿白大褂，佩戴手套	
预习报告（10分）	根据任务提前预习并完成预习报告	
仪器及试剂准备（10分）	实验仪器及试剂领用符合实验需求	
团队合作（10分）	分工明确，认真细致，具有团队协作精神	
实验过程和结果（40分）	思路清晰，操作熟练，结果准确	
绿色环保（10分）	试剂无浪费，废液有序回收	
7S 管理（10分）	仪器清洗归位，实验台面清理干净	
总得分		

任务评价卡——小组自评

评价内容	评分标准	得分
任务分工（20分）	任务分工明确，安排合理	
合作效率（20分）	按时完成任务	
团队协作意识（20分）	集思广益，全员参与	
实验方法分享（20分）	逻辑清晰，表达流畅，重点突出	
实验过程和结果（20分）	思路清晰，操作熟练，结果准确	
总得分		

任务评价卡——教师评价

项目	考核内容	配分	操作要求	考核记录	扣分说明	扣分	得分
基准物的称量（10分）	称量操作	6	检查天平水平； 清扫天平； 敲样动作正确		错一项扣 2 分		
	基准物试样称量范围	4	称量范围不超出 ±5% ~ ±10%		超出扣 4 分		
试液配制（10分）	洗涤、试漏	2	洗涤干净、正确试漏		错一项扣 1 分		
	定量转移	2	转移动作规范		错一项扣 2 分		
	定容	6	2/3 处水平摇动； 准确稀释至刻线； 摇匀动作正确		错一项扣 2 分		
滴定操作（30分）	洗涤、试漏、润洗	12	洗涤干净； 正确试漏； 正确润洗		错一项扣 4 分		
	滴定操作	18	滴定速度适当（3 分）； 终点控制熟练（2 分 ×3 次）； 读数正确（1 分 ×3 次）； 滴定终点判断正确（2 分 ×3 次）		根据指定分值扣分		
文明操作（5分）	物品摆放、仪器洗涤、“三废”处理	5	仪器摆放整齐； 废纸 / 废液不乱扔； 实验台擦拭干净； 药品放回指定位置； 结束后清洗仪器		错一项扣 1 分		
数据记录（10分）	记录、计算、有效数字保留	10	及时记录不缺项； 计算过程正确； 有效数字修约正确； 结果准确； 书写规范，有数字、有单位		错一项扣 2 分		
标定结果（20分）	精密度	10	相对极差 ≤ 0.50%		扣 0 分		
			0.50% < 相对极差 ≤ 1.00%		扣 5 分		
			相对极差 >1.00%		扣 10 分		
	准确度	10	相对误差 ≤ 0.50%		扣 0 分		
			0.50% < 相对误差 ≤ 1.00%		扣 5 分		
			相对误差 >1.00%		扣 10 分		
质控标准（15分）	稀释溶液	15	稀释倍数不准确		扣 5 分		
	质控范围		质控未进范围		扣 10 分		

自我分析与总结

存在的主要问题：	收获与总结：
今后改进、提高的方法：	

任务三　混合碱的测定（双指示剂法）

【任务描述】

某化工厂主要生产烧碱 NaOH，由于该公司上半年销售情况较差，生产的大量烧碱（NaOH）堆积在仓库，现有一公司急需大量的烧碱（NaOH），为保证 NaOH 的质量，现要求质检部分析烧碱的纯度。

混合碱的测定

【任务分析】

在被测溶液中先加入酚酞指示剂，用 HCl 标准溶液进行滴定，至酚酞红色刚褪去时为终点，指示第一计量点的到达。此时，NaOH 全部被滴定，而 Na_2CO_3 只被滴定成 $NaHCO_3$，即恰好滴定了一半，此时消耗 HCl 标准溶液的体积为 V_1（mL）。然后再加入甲基橙指示剂，用 HCl 标准溶液继续滴定至甲基橙由黄色变为橙红色时，指示第二个计量点的到达，$NaHCO_3$ 全部生成 H_2CO_3，此时消耗 HCl 标准溶液的体积为 V_2（mL），则 Na_2CO_3 所消耗 HCl 标准溶液的体积为 $2V$（mL），NaOH 所消耗 HCl 标准溶液的体积应为 V_1-V_2（mL），分别计算 NaOH 和 Na_2CO_3 的含量。

【任务目标】

1. 养成“整理、整顿、清洁、清扫、素养、安全、节约”7S 的习惯；
2. 掌握溶液的间接配制法及准确浓度计算的相关知识；
3. 掌握溶液配制及数据处理的岗位技能。

【任务具体内容】

实验设计

混合碱的测定——双指示剂法

采样清单

××化工厂采样单			
采样名称		试剂性状	
采样规格		试剂批号	
采样部门		总量	
采样人员		采样时间	
接样部门			
接单人		接样时间	

仪器领用归还卡

类别	名称	规格	单位	数量	归还数量	归还情况
试剂						
指示剂						
仪器						
其他						

注：请爱护公共器材！在领用过程中如有破损或遗失，须按实验室制度予以赔偿！

领用时间：______年____月____日____时____分　　领用人：

归还时间：______年____月____日____时____分　　归还人：

经办人：

实验数据记录单

××化工厂实验数据记录单					
实验项目	混合碱的测定——双指示剂法				
实验时间	______年____月____日____时____分				
实验人员					
实验依据	GB/T				
实验条件	温度：		湿度：		
物理量	样品				
	1	2	3	空白	
移取混合碱的体积 /mL					
$V_{始}$/mL					
$V_{第一次终点}$/mL					
$V_{第二次终点}$/mL					
V_1/mL					
V_2/mL					
NaOH 的平均含量 /（g/L）					
Na_2CO_3 的平均含量 /（g/L）					
检验人签名		复核人签名			
检验日期		复核日期			

任务评价卡——学生自评

评价内容	评分标准	得分
实验防护（10 分）	统一穿白大褂，佩戴手套	
预习报告（10 分）	根据任务提前预习并完成预习报告	
仪器及试剂准备（10 分）	实验仪器及试剂领用符合实验需求	
团队合作（10 分）	分工明确，认真细致，具有团队协作精神	
实验过程和结果（40 分）	思路清晰，操作熟练，结果准确	
绿色环保（10 分）	试剂无浪费，废液有序回收	
7S 管理（10 分）	仪器清洗归位，实验台面清理干净	
总得分		

任务评价卡——小组自评

评价内容	评分标准	得分
任务分工（20 分）	任务分工明确，安排合理	
合作效率（20 分）	按时完成任务	
团队协作意识（20 分）	集思广益，全员参与	
实验方法分享（20 分）	逻辑清晰，表达流畅，重点突出	
实验过程和结果（20 分）	思路清晰，操作熟练，结果准确	
总得分		

任务评价卡——教师评价

项目	考核内容	配分	操作要求	考核记录	扣分说明	扣分	得分
样品的称量（10分）	称量操作	6	检查天平水平； 清扫天平； 敲样动作正确		错一项扣2分		
	试样称量范围	4	称量范围不超出 ±5% ～ ±10%		超出扣4分		
试液配制（10分）	洗涤、试漏	2	洗涤干净、正确试漏		错一项扣1分		
	定量转移	2	转移动作规范		错一项扣2分		
	定容	6	2/3处水平摇动； 准确稀释至刻线； 摇匀动作正确		错一项扣2分		
移取溶液（10分）	洗涤、润洗	2	洗涤干净； 润洗方法正确		错一项扣1分		
	吸溶液	2	不吸空； 不重吸		错一项扣1分		
	调刻线	3	调刻线前擦干外壁； 调节液面刻度线准确； 调节液面操作熟练		错一项扣1分		
	放溶液	3	移液管竖直； 移液管尖靠壁； 放液后停留15s		错一项扣1分		
滴定操作（30分）	洗涤、试漏、润洗	6	洗涤干净； 正确试漏； 正确润洗		错一项扣2分		
	滴定操作	24	滴定速度适当（6分）； 终点控制熟练（1分×6次）； 读数正确（1分×6次）； 滴定终点判断正确（1分×6次）		根据指定分值扣分		
文明操作（5分）	物品摆放、仪器洗涤、“三废”处理	5	仪器摆放整齐； 废纸/废液不乱扔； 实验台擦拭干净； 药品放回指定位置； 结束后清洗仪器		错一项扣1分		
数据记录（5分）	记录、计算、有效数字保留	5	及时记录不缺项； 计算过程正确； 有效数字修约正确； 结果准确； 书写规范，有数字、有单位		错一项扣1分		
标定结果（20分）	精密度	10	相对极差≤ 0.50%		扣0分		
			0.50%< 相对极差≤ 1.00%		扣5分		
			相对极差 >1.00%		扣10分		
	准确度	10	相对误差≤ 0.50%		扣0分		
			0.50%< 相对误差≤ 1.00%		扣5分		
			相对误差 >1.00%		扣10分		
质控标准（10分）	稀释溶液	10	稀释倍数不准确		扣5分		
	质控范围		质控未进范围		扣5分		

自我分析与总结

存在的主要问题：	收获与总结：
今后改进、提高的方法：	

【巩固与练习】

4-1　按照酸碱质子理论，什么物质是酸、碱和酸碱两性物质？

4-2　什么是共轭酸碱对？

4-3　如何理解质子溶剂的拉平效应和区分效应？

4-4　什么是标准缓冲溶液？

4-5　影响缓冲溶液缓冲容量大小的因素有哪些？如何确定缓冲溶液的缓冲范围？

4-6　什么是酸碱指示剂的理论变色点和理论变色范围？

4-7　影响强碱滴定一元弱酸突跃范围的因素有哪些？

4-8　在具体的滴定中，酸碱指示剂选择的依据是什么？

4-9　试判断下列各组物质中哪些是共轭酸碱对，哪些是酸碱两性物质。

（1）H^+-OH^-

（2）PyH^+-Py（Py 为吡啶）

（3）HP^--P^{2-}（P^{2-} 为邻苯二甲酸根）

（4）NH_4^+-NH_3

（5）$H_2PO_4^-$-PO_4^{3-}

（6）$H_2PO_4^-$-HPO_4^{2-}

（7）$Cu(H_2O)_4^{2+}$-$[Cu(H_2O)_3OH]^+$

（8）$HC_2O_4^-$-$C_2O_4^{2-}$

（9）$[Cu(H_2O)_3OH]^+$-$Cu(H_2O)_2(OH)_2$

（10）H_2S-HS^-

4-10　求算下列酸的共轭碱的 pK_b，碱的共轭酸的 pK_a，对两性物质，则既要求其共轭碱的 pK_b，又要求其共轭酸的 pK_a 值（所需常数自行查表）。

（1）HAc

（2）HF

（3）H_2O_2

（4）HOCl

（5）$ClCH_2COOH$（氯乙酸）

（6）$CH_3CH(OH)COOH$（乳酸）

（7）NH_3

（8）Py（吡啶）

（9）C_9H_7N（喹啉）

（10）HCO_3^-

（11）HPO_4^{2-}

（12）$H_2AsO_4^-$

4-11　通过物料平衡和电荷平衡以及设定质子参考水准两种方法，写出下列酸碱溶液的质子条件 [单组分溶液浓度均以 c（mol/L）表示，双组分溶液两组分的浓度分别以 c_1 和 c_2（mol/L）表示]。

（1）KHP（邻苯二甲酸氢钾）

（2）NH_4CN
（3）Na_3PO_4
（4）$NH_4H_2PO_4$
（5）NH_3+NaOH
（6）HAc+H_3BO_3
（7）H_2SO_4+HCOOH
（8）NaH_2PO_4+HCl
（9）NH_3+NH_4Cl

4-12　计算下列各种溶液的 pH 值。
（1）5×10^{-5}mol/L HCl
（2）0.100 mol/L H_3BO_3
（3）1×10^{-2}mol/L HOCN（氰酸）
（4）1×10^{-2}mol/L H_2O_2
（5）0.100mol/L N（C_2H_4OH）$_3$（三乙醇胺）
（6）0.500mol/L NaAc
（7）0.500mol/L NH_4NO_3
（8）0.100mol/L H_2SO_4
（9）0.200mol/L H_3PO_4
（10）0.100mol/L Na_2S
（11）0.0500mol/L K_2HPO_4
（12）0.100mol/L NH_4CN
（13）0.0500mol/L NH_2CH_2COOH（氨基乙酸）

4-13　若配制 pH=10.0 的缓冲溶液 1.0L，用去 15mol/L 氨水 350mL，问需要 NH_4Cl 多少克？

4-14　计算 0.1mol/L $NH_3\cdot H_2O$-0.1mol/L NH_4Cl 缓冲溶液的 pH 值、β_{max} 和 pH=p$K_a\pm1$ 时的 β 值。这种缓冲溶液是实验室常用的，但却不用它作标准缓冲溶液，是何缘故？

学习任务五

配位滴定法

【案例引入】

水分硬水和软水。凡不含或含少量 Ca^{2+}、Mg^{2+} 的水称为软水，反之称为硬水。硬度由碳酸氢盐引起的系暂时性硬水，因碳酸氢盐在煮沸时分解为碳酸盐而沉淀；硬度由含钙和镁的硫酸盐和氯化物引起的系永久性硬水，因含钙和镁的硫酸盐经煮沸后不能去除。水的总硬度是将水中的 Ca^{2+}、Mg^{2+} 均折合为 CaO 或 $CaCO_3$ 来表示的。每升水中含 10mg CaO 叫一个德国度。我国常用德国度表示水的总硬度，有时也用 ρ_{CaO}/（mg/L）或 ρ_{CaCO_3}/（mg/L）来表示。我国生活饮用水卫生标准规定以 $CaCO_3$ 计的硬度不得超过 450mg/L。高品质的饮用水硬度不超过 25mg/L，高品质的软水总硬度在 10mg/L 以下。你目前饮用的水符合我国饮用水标准吗？试着去测一下吧。

【思维导学】

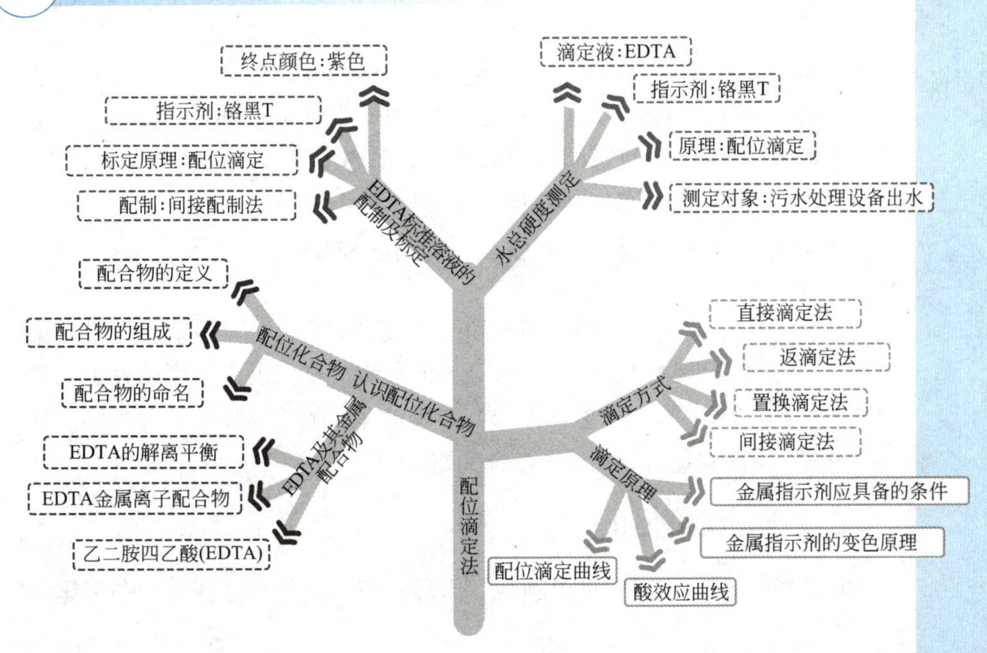

【职业综合能力】

1. 掌握配合物的概念、组成、命名及化学式的书写方法。

2. 理解配位平衡常数的意义，掌握有关配位平衡的计算方法，能根据配位平衡进行有关计算。

3. 理解 EDTA 及其配合物的解离平衡常数及酸效应系数和条件稳定常数的意义。

4. 会确定金属离子准确滴定及连续测定的酸度条件，能进行水中钙、镁含量的测定。

任务准备

学习单元一 配位化合物

早在 20 世纪 30 年代人们已经知道乙二胺四乙酸（EDTA）、氨三乙酸等在碱性介质中能与 Ca^{2+}、Mg^{2+} 结合成极稳定的配合物，可用于水的软化和皮革的脱钙。瑞士苏黎世工业大学化学家施瓦岑巴赫（1904—1978）对这类化合物的物理性质进行了广泛的研究，提出以紫脲酸铵为指示剂，用 EDTA 来测定水的硬度，获得了成功。在 1946 年提出以铬黑 T 作为这项滴定的指示剂，从而奠定了配位滴定法的基础。

一、配合物的定义

【案例分析 5-1】向一支盛有 5mL 0.1mol/L $CuSO_4$ 溶液的试管内，滴加 2.0mol/L NH_3 溶液，直至溶液变成深蓝色。然后将该溶液分成 2 份，一份滴加 0.1mol/L $BaCl_2$ 溶液，另一份滴加 1.0mol/L NaOH 溶液。发现前者有白色沉淀生成，后者却没有沉淀生成，表明深蓝色溶液中仍有游离的 SO_4^{2-} 存在，但 Cu^{2+} 浓度却降至不足以与 OH^- 形成 $Cu(OH)_2$ 沉淀。这是由于 Cu^{2+} 与 NH_3 以配位键结合形成了复杂配离子（铜氨配离子）。

$$Cu^{2+}+4NH_3 \longrightarrow [Cu(NH_3)_4]^{2+}$$

类似的还有 $[HgI_4]^{2-}$、$[PtCl_6]^{2-}$、$[Co(NH_3)_6]^{3+}$、$[Ag(NH_3)_2]^+$、$Ni(CO)_4$ 等。

配位化合物

这种由一个阳离子（或原子）和一定数目的中性分子或阴离子以配位键相结合形成的能稳定存在的复杂离子或分子，称为配离子或配分子。含有配离子或配分子的化合物，称为配位化合物。配合物与无机物相似，也有酸、碱、盐之分。

二、配合物的组成

配合物一般由内界和外界组成。内界是配合物的特征部分，书写化学式时，用方括号括上；外界一般为离子，配分子则只是内界，没有外界。

1. 中心离子（或中心原子）

中心离子或中心原子是配合物的核心，统称为中心离子。中心离子提供空轨道，是孤对电子的接受体。常见中心离子多为副族元素离子，如 Cr^{3+}、Fe^{3+}、Fe^{2+}、Co^{3+}、Co^{2+}、Ni^{+}、Cu^{2+}、Cu^{+}、Ag^{+}、Zn^{2+} 等，少数副族金属原子或高氧化态主族元素离子也可作为中心离子，如 $Ni(CO)_4$、$Fe(CO)_5$、$[SiF_6]^{2-}$ 中的 Ni、Fe、Si^{4+} 等。

2. 配位体和配位原子

在配合物中，与中心离子结合的阴离子或中性分子称为配位体，简称配体。配体中直接与中心离子以配位键相结合的原子，称为配位原子。例如 $[CoCl_2(NH_3)_4]Cl$ 中，配位体是 Cl^-、NH_3，配位原子是 Cl 和 N。配位原子是孤对电子的给予体，常见配位原子均是电负性较大的非金属原子，如 C、N、O、S 及卤族元素。只含有一个配位原子的配位体，称为单齿配位体；含两个及两个以上配位原子的配位体，称为多齿配位体，如乙二胺 $H_2N—CH_2—CH_2—NH_2$ 分子（简写为 en）中，两个 N 原子都是配位原子。有些配位体含有两个配位原子，但只有一个配位原子参与配位，也归类于单齿配位体。例如，SCN^- 以 S 为配位原子时，称为硫氰酸根（SCN^-），以 N 为配位原子时，称为异硫氰酸根（NCS^-）。

3. 配位数

配合物中的配位原子总数，称为中心离子的配位数。

单齿配位体配位数 = 配位原子数 = 配位体数

多齿配位体配位数 = 配位原子数 = 配位体数 × 齿数

例如，在 $[Ag(NH_3)_2]Cl$ 中，中心离子 Ag^+ 的配位数是 2；$K_3[Fe(CN)_6]$ 中，中心离子 Fe^{3+} 的配位数是 6。

中心离子的配位数，主要取决于中心离子和配位体的性质。一般中心离子电荷多、半径大及配位体电荷少，半径小，配位数较高；配体浓度较大，反应温度低，易形成高配位数配合物。因此，同一中心离子，其配位数也不同。

三、配合物的命名

1. 配离子和配分子的命名

配离子的命名顺序和方法如下：

配位体数目→配位体名称→“合”→中心离子名称→中心离子氧化数→离子

配位体数目 ↓ 用数字二、三等表示

配位体名称 ↓ ①配体命名顺序：阴离子→中性分子 ②不同配位体之间用“·”分开

中心离子氧化数 ↓ 用Ⅰ、Ⅱ等罗马数字表示

例如：

$[Cu(NH_3)_4]^{2+}$　　四氨合铜（Ⅱ）离子

$[PtCl_6]^{2-}$　　六氯合铂（Ⅳ）离子

$[CoCl_2(NH_3)_4]^-$　　二氯·四氨合钴（Ⅰ）离子

配分子命名：其命名与配离子类似。

例如：

$Ni(CO)_4$　　四羰基合镍

$[PtCl_2(NH_3)_2]$　　二氯二氨合铂（Ⅱ）

2. 配合物的系统命名方法

岗位小帮手

配合物的系统命名方法

配合物	命名	配合物组成特征	实例
配位酸	某酸	内界为配阴离子，外界为 H^+	$H_2[PtCl_6]$
配位碱	氢氧化某	内界为配阳离子，外界为 OH^-	$[Cu(NH_3)_4]_2OH$
配位盐	某化某	内界为配阳离子，外界酸根离子为简单离子	$[CoCl_2(NH_3)_3(H_2O)]Cl$
	某酸某	酸根离子为复杂离子或配阴离子	$[Cu(NH_3)_4]SO_4$

常见配合物除用系统命名法命名外，往往还沿用习惯命名法命名。

四、氨羧配位剂

氨羧配位剂是一类含有氨基二乙酸基团的有机化合物。分子中含有氨“氮”和羧“氧”两种配位原子，可以与多数金属离子配位，生成稳定的、水溶性的配合物。氨羧配位剂多达几十种，较重要的有以下几种。

1. 乙二胺四乙酸（EDTA）

结构式为：

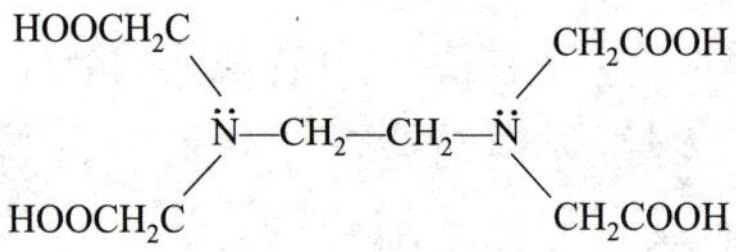

$HOOCH_2C$　　　　CH_2COOH

$\ddot{N}—CH_2—CH_2—\ddot{N}$

$HOOCH_2C$　　　　CH_2COOH

2. 氨三乙酸（NTA）

结构式为：

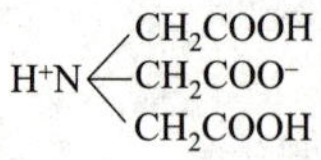

H^+N $\begin{cases} CH_2COOH \\ CH_2COO^- \\ CH_2COOH \end{cases}$

3. 环已二氨四乙酸（DCTA）

结构式为：

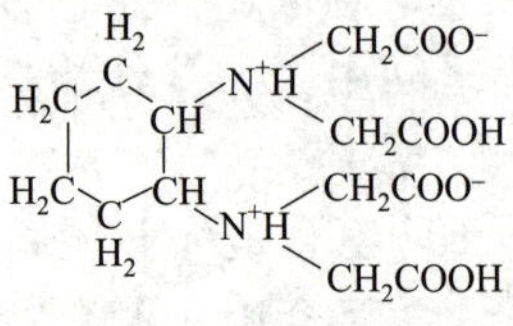

H_2

H_2C　C　N^+H　CH_2COO^-

　　CH　　CH_2COOH

H_2C　C　CH　N^+H　CH_2COO^-

H_2　　　CH_2COOH

本学习任务主要讨论以 EDTA 为配位剂，滴定金属离子的配位滴定法。

学习单元二　配位剂 EDTA 及其金属配合物

一、EDTA

乙二胺四乙酸（EDTA），用 H_4Y 表示，为四元酸，是一种白色结晶性粉末，微溶于水，22℃时，100mL 水中可溶解 0.02g，难溶于酸和一般有机溶剂，易溶于氨水和 NaOH 溶液，生成相应的盐溶液。由于 EDTA 在水中的溶解度小，使用时，通常将其制备为二钠盐 $Na_2H_2Y \cdot 2H_2O$，一般它在水中溶解度较大。

配位剂 EDTA

H_4Y 溶解于水时，其中两个羧基上 H^+ 会与自身分子中的 N 原子发生作用，形成双偶极离子，在强酸性溶液中，羧基上还可接受两个 H^+，形成 H_6Y^{2+}，实际相当于六元酸，因此在水溶液中存在如下解离平衡：

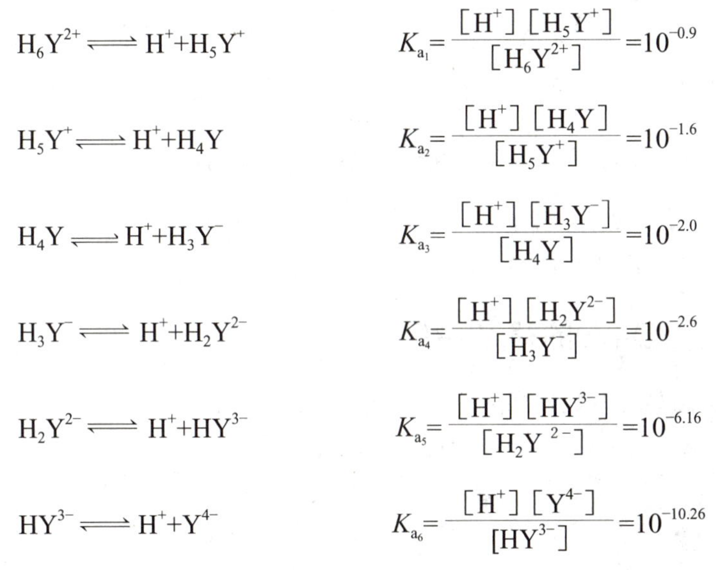

$$H_6Y^{2+} \rightleftharpoons H^+ + H_5Y^+ \qquad K_{a_1}=\frac{[H^+][H_5Y^+]}{[H_6Y^{2+}]}=10^{-0.9}$$

$$H_5Y^+ \rightleftharpoons H^+ + H_4Y \qquad K_{a_2}=\frac{[H^+][H_4Y]}{[H_5Y^+]}=10^{-1.6}$$

$$H_4Y \rightleftharpoons H^+ + H_3Y^- \qquad K_{a_3}=\frac{[H^+][H_3Y^-]}{[H_4Y]}=10^{-2.0}$$

$$H_3Y^- \rightleftharpoons H^+ + H_2Y^{2-} \qquad K_{a_4}=\frac{[H^+][H_2Y^{2-}]}{[H_3Y^-]}=10^{-2.6}$$

$$H_2Y^{2-} \rightleftharpoons H^+ + HY^{3-} \qquad K_{a_5}=\frac{[H^+][HY^{3-}]}{[H_2Y^{2-}]}=10^{-6.16}$$

$$HY^{3-} \rightleftharpoons H^+ + Y^{4-} \qquad K_{a_6}=\frac{[H^+][Y^{4-}]}{[HY^{3-}]}=10^{-10.26}$$

由上可知，EDTA 在水溶液中总是以 H_6Y^{2+}、H_5Y^+、H_4Y、H_3Y^-、H_2Y^{2-}、HY^{3-}、Y^{4-} 7 种型体存在。它们的分布分数 δ 与 pH 值有关，如图 5-1 所示。

从图 5-1 可知，pH ＞ 10.3 时，EDTA 主要以 Y^{4-} 形式存在，而 Y^{4-} 与金属离子形成的配合物最稳定，因此溶液的酸度是影响配合物稳定性的重要因素。

二、EDTA 与金属离子形成的配合物

乙二胺四乙酸是含有氨基和羧基的配位剂，属多齿配位体，可以与多数金属离子发生配位反应，形成稳定的螯合物。不仅可用于配位滴定，而且还可用作去除干扰离子的掩蔽剂。EDTA 分子中有四个羧氧原子、两个氨氮原子，也就是有 6 个配位原子，能与大多数金属离子形成螯合物，且形成比为 1∶1，不存在逐级配位现象，溶液体系简单。多数金属离子螯合物无色，有利于终点的判断，但有色金属离子螯合物除外，如 $[NiY]^{2-}$

（蓝绿）、$[CuY]^{2-}$（深蓝）、$[CoY]^{2-}$（紫红）等，滴定这些离子时，试剂浓度应低一些，以便观察指示剂变色。

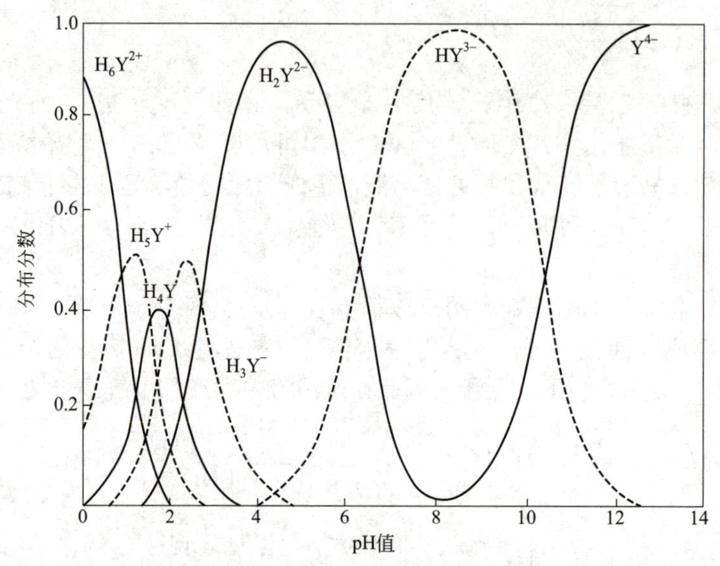

图 5-1　EDTA 各种存在型体分布

大多数金属离子与 EDTA 反应迅速，但也有在室温下反应较慢的，如 Cr^{3+} 和 Al^{3+}，需煮沸片刻后才能与 EDTA 反应完全。

三、EDTA 的解离平衡

EDTA 与大多数金属离子形成的配合物都是 1∶1 型。如：

$$M^{2+}+H_2Y^{2-} \rightleftharpoons MY^{2-}+2H^+$$

$$M^{4+}+H_2Y^{2-} \rightleftharpoons MY+2H^+$$

简化为：

$$M+Y \rightleftharpoons MY$$

达到平衡时：

$$K_{MY}=\frac{[MY]}{[M][Y]}$$

K_{MY} 即是配合物 MY 的稳定常数，其值与溶液的温度和离子强度有关，与各组分浓度无关，通常用其对数值 $\lg K_{MY}$ 表示，正向反应程度越高，配合物 MY 越稳定。配位反应也可以写成这样的形式：

$$MY \rightleftharpoons M+Y$$

于是 $K_{不稳}=\frac{[M][Y]}{[MY]}$，$K_{不稳}$称为不稳定常数（或解离常数）。

$$K_{MY}K_{不稳}=1$$

下面看另一种情况。多个配体与金属离子形成 ML_n 型配合物：

$$M+L \rightleftharpoons ML \qquad K_1=\frac{[ML]}{[M][L]}$$

$$ML+L \rightleftharpoons ML_2 \qquad K_2=\frac{[ML_2]}{[ML][L]}$$

$$\cdots \qquad \cdots$$

$$ML_{n-1}+L \rightleftharpoons ML_n \qquad K_n=\frac{[ML_n]}{[ML_{n-1}][L]}$$

K_i 称为逐级稳定常数。令：

$$\beta_1=K_1$$

$$\beta_2=K_1K_2$$

$$\cdots$$

$$\beta_n=K_1K_2\cdots K_i$$

β_i 为累积稳定常数，β_n 为总稳定常数，在配位滴定中，使用累积稳定常数计算比较方便。

部分金属离子 -EDTA 配合物的 $\lg K_{MY}$ 值见表 5-1。

表 5-1 部分金属离子 -EDTA 配合物的 $\lg K_{MY}$ 值

金属离子	$\lg K_{MY}$	金属离子	$\lg K_{MY}$	金属离子	$\lg K_{MY}$
Na^+	1.66	Ce^{3+}	15.98	Cu^{2+}	18.80
Li^+	2.79	Al^{3+}	16.30	Hg^{2+}	21.80
Ba^{2+}	7.86	Co^{2+}	16.31	Th^{4+}	23.20
Sr^{2+}	8.73	Cd^{2+}	16.46	Cr^{3+}	23.40
Mg^{2+}	8.69	Zn^{2+}	16.50	Fe^{3+}	25.10
Ca^{2+}	10.69	Pb^{2+}	18.04	V^{3+}	25.90
Mn^{2+}	13.87	Y^{3+}	18.09	Bi^{3+}	27.94
Fe^{2+}	14.32	Ni^{2+}	18.62	U^{2+}	25.80

四、影响 EDTA 配合物稳定性的因素

配位滴定中，除了被测金属离子 M 与滴定剂 Y 的主反应外，还存在各种副反应，这些副反应能影响主反应中的反应物或生成物的平衡浓度，从而影响主反应的进行。为了定量表示副反应进行的程度，引入了副反应系数 α，即未参加主反应组分 M 或 Y 的总浓度与平衡浓度［M］或［Y］的比值。

配位反应总的平衡关系表示如下：

$M + Y \rightleftharpoons MY$ 主反应

L　OH　H　N　H　OH　副反应

ML　M(OH)　HY　NY　MHY　MOHY

ML_2　$M(OH)_2$　H_2Y　共存离子效应

⋮　⋮　⋮

ML_n　$M(OH)_n$　H_6Y

配位效应　水解效应　酸效应

下面分别讨论配位滴定中的副反应和副反应系数，重点是酸效应和配位效应。

1. 酸效应和酸效应系数

EDTA 可看作广义上的碱，能与溶液中的 H^+ 结合形成其共轭酸 H_6Y^{2+}、H_5Y^+、H_4Y、H_3Y^-、H_2Y^{2-}、HY^{3-}，使 Y 的平衡浓度降低，主反应化学平衡向左移动。这种由于 H^+ 的存在使配位体 Y 参加主反应能力降低的现象称为酸效应。酸效应的大小用酸效应系数 $\alpha_{Y(H)}$ 来衡量。

$\alpha_{Y(H)}$ 表示在一定 pH 值下未与金属离子配位的 EDTA 各种形式总浓度是游离的 Y 浓度的多少倍。

$$\alpha_{Y(H)}=\frac{[Y']}{[Y]}=\frac{[H_6Y^{2+}]+[H_5Y^{+}]+[H_4Y]+[H_3Y^{-}]+[H_2Y^{2-}]+[HY^{3-}]+[Y^{4-}]}{[Y^{4-}]}$$

$$=1+\frac{[H^+]}{K_{a_6}}+\frac{[H^+]^2}{K_{a_6}K_{a_5}}+\cdots+\frac{[H^+]^6}{K_{a_6}K_{a_5}\cdots K_{a_1}}$$

酸效应系数 $\alpha_{Y(H)}$ 即为 Y′分布系数的倒数，是 $[H^+]$ 的函数。$\alpha_{Y(H)}$ 越大表示 EDTA 与 H^+ 副反应越严重（即酸效应越强）。当 $\alpha_{Y(H)}=1$ 时，即 $[Y']=[Y]$，表示 EDTA 未与 H^+ 发生副反应，全部以 Y 形式存在。不同 pH 值时 EDTA 的 $\lg\alpha_{Y(H)}$ 值见表 5-2。

表 5-2　不同 pH 值时 EDTA 的 $\lg\alpha_{Y(H)}$ 值

pH 值	$\lg\alpha_{Y(H)}$	pH 值	$\lg\alpha_{Y(H)}$	pH 值	$\lg\alpha_{Y(H)}$
0	23.64	3.4	9.70	6.8	3.55
0.4	21.32	3.8	8.85	7.0	3.32
0.8	19.08	4.0	8.44	7.5	2.78
1.0	18.01	4.4	7.64	8.0	2.27
1.4	16.02	4.8	6.84	8.5	1.77
1.8	14.27	5.0	6.45	9.0	1.28
2.0	13.51	5.4	5.69	9.5	0.83
2.4	12.19	5.8	4.98	10.0	0.45
2.8	11.09	6.0	4.65	11.0	0.07
3.0	10.60	6.4	4.06	12.0	0.01

2. 金属离子的配位效应及配位效应系数

金属离子与辅助配位剂 L 发生配位反应时，使 M 的浓度降低，导致参与主反应能力降低的现象，用 $\alpha_{M(L)}$ 表示配位效应系数。其定义为：

$$\alpha_{M(L)}=\frac{[M']}{[M]}$$

$$[M']=[M]+[ML]+[ML_2]+[ML_n]$$

式中，M′表示未与 EDTA 配位金属离子的总浓度；[M] 表示游离的金属离子平衡浓度。$\alpha_{M(L)}$ 的物理意义：未参与主反应的金属离子各型体的总浓度是游离金属离子浓度的多少倍。数值越大，表明金属离子被辅助配位剂 L 配位得越完全，副反应越严重，当数值为 1 时，表明 M 没有发生副反应。

$$\alpha_{M(L)}=1+\beta_1[L]+\beta_2[L]^2+\beta_n[L]^n$$

由上式可知，辅助配位体 L 的浓度越大，$\alpha_{M(L)}$ 也越大，金属离子的配位效应越严重，不利于主反应的进行。

3. 条件稳定常数

将考虑副反应影响而得出的实际稳定常数，称为条件稳定常数，它是考虑酸效应、配位效应、共存离子效应、羟基化效应等因素后的实际稳定常数，用 K'_{MY} 表示。若只考虑配位效应和酸效应，则

$$\lg K'_{MY}=\lg K_{MY}-\lg\alpha_{Y(H)}$$

此时 $\lg K'_{MY}$ 的大小反映了在相应的酸度条件下 MY 的实际稳定程度，也是判断滴定可能性的重要依据。

匠心铸魂

你还在为你的理想坚持吗？

1866 年 Werner（1866—1919）出生于法国，18 岁就开始研究化学，由此开启了灿烂的科研人生。24 岁名校博士毕业，27 岁获副教授职称。1892 年的一个不平常的夜晚，Werner 梦中惊醒后灵感迸射，提出了“Werner 配位理论”的三大假设。后经修改雕琢成文，名为“论无机化合物的组成”。论文于1893年被发表，提出副价的概念和配合物的立体化学。由于当时实验技术和条件非常有限，Werner 配位理论没有充足的实验依据，招致了学术界的广泛争议，尤其是当时的化学权威人物的批评，如提出化合价恒定不变的观点的 Kekule 与 Couper，提出 Blostrand-Jorgensen 链式理论的 Jorgensen 与 Blostrand。在与配位理论反对派激烈斗争的过程中，在极为落后艰辛的实验条件下，Werner 想方设法依靠当时可实现的化学计量反应、化学拆分和旋光度测定等方面寻找实验依据，严格验证了他的理论的每个观点，最终 47 岁的 Werner 被授予“诺贝尔化学奖”。Werner 追求真理、锲而不舍的精神，让我们明白一个人的成功是 99% 的汗水 +1% 的天赋所致。同时我们要学习 Werner 不畏权威，勇于坚持科学哲学思维、坚定理想信念的风骨。在个人成长的道路上总有沟沟坎坎，总有不被人认可的时候，遇到这种情况不要气馁，不要一蹶不振，要向老一辈化学家看齐，学习他们坚持真理、持之以恒的品质。

趣味驿站

宝石的秘密

宝石是岩石中最美丽而贵重的一类矿石。它们颜色鲜艳，质地晶莹，光泽灿烂，坚硬耐久，同时赋存稀少，是可以制作首饰等的天然矿物晶体，如钻石、水晶、祖母绿、红宝石、蓝宝石和金绿宝石（变石、猫眼）、绿帘石等；宝石之所以能呈现出不同的颜色，与它的化学成分有关系，红宝石是指颜色呈红色、粉红色的刚玉（Al_2O_3），因含微量的杂质元素 Cr

而呈红色。蓝宝石一般是指蓝色的刚玉，因为这种颜色最为常见，实际上蓝宝石包含除红色以外的所有颜色的刚玉，如绿色、黄色、紫红色、无色等等。刚玉（Al_2O_3）本身是无色透明的，当含微量元素时就呈现颜色，如含铬Cr元素时呈红色，含钛和铁时呈蓝色，含铁时呈绿色，含铁和镍时呈黄色。它们也是自然界中的配合物。也有少数是天然单矿物集合体，如乌兰孖努、欧泊。还有少数几种有机质材料，如琥珀、珍珠、珊瑚、煤精，也包括在广义的宝石之内。玉石也是石之美者。但它也具有色彩鲜艳、质地坚硬而细腻、抛光后具有美丽的光泽等特性。

配位滴定原理

学习单元三　配位滴定原理

一、配位滴定曲线

在酸碱滴定中，随着滴定剂的加入，溶液中 H^+ 的浓度不断变化，当达到计量终点时溶液的pH值发生突变，指示剂的颜色也会发生明显的变化，从而确定滴定终点。配位滴定剂的情况类似，随着EDTA的加入，金属离子M不断被配位，其浓度不断减小，当达到滴定终点时，pM（-lg［M］）值发生突变，用适当的指示剂指示终点即可。

为正确理解掌握配位滴定的条件与影响因素，下面用例子加以说明。

【案例分析5-2】在pH=12.0时，用0.1000mol/L的EDTA溶液滴定20mL 0.0100mol/L的 Ca^{2+} 溶液，计算终点及终点前后的pCa值（只考虑酸效应的影响）。

解： 首先计算条件稳定常数 K'

$$\lg K'_{CaY}=\lg K_{CaY}-\lg\alpha_{Y(H)}=10.69-0.01=10.68$$

$$K'_{CaY}=4.8\times10^{10}$$

① 终点时pCa的计算　当达到计量终点时，［Ca］=［Ca］′=［Y］′，［CaY］=［CaY］′，此时的CaY可认为是Ca与Y按计量关系完全反应而得，由于副反应影响小，可以不考虑CaY的离解。

$$[CaY]=\frac{20.00\times0.0100}{20.00+20.00}=\frac{1}{2}\times0.01=0.00500\,(mol/L)$$

$$K'_{CaY}=\frac{[CaY]'}{[Ca]'[Y]'}=\frac{[CaY]}{[Ca]^2}$$

$$[Ca]=\sqrt{\frac{[CaY]}{K'_{CaY}}}=\sqrt{\frac{0.00500}{4.8\times10^{10}}}=3.2\times10^{-7}\,(mol/L)$$

$$pCa=6.50$$

②终点前后pCa的计算　计量点前，当加入19.98mL EDTA溶液时，

溶液中游离的钙 $[Ca]=\dfrac{20.00-19.98}{20.00+19.98}\times 0.0100=5.0\times 10^{-6}$（mol/L）

$$pCa=5.30$$

计量点后，当加入 20.02mL EDTA 溶液时，

$$[Y]'=\frac{20.00-20.02}{20.00+20.02}\times 0.0100=5.0\times 10^{-6}\text{（mol/L）}$$

$$[CaY]=\frac{1}{2}\times 0.01=0.00500\text{（mol/L）}$$

由 $K'_{CaY}=\dfrac{[CaY]'}{[Ca]'[Y]'}$，得 $[Ca]=\dfrac{[CaY]}{K'_{CaY}[Y]'}$，代入数据，得

$$[Ca]=2.1\times 10^{-8}\text{（mol/L）}$$

$$pCa=7.68$$

滴定突跃为 5.30 ～ 7.68，通过以上的方法，以滴定分数或 EDTA 加入量为横坐标，以 pM 为纵坐标就可以绘制配位滴定曲线，如图 5-2、图 5-3 所示。

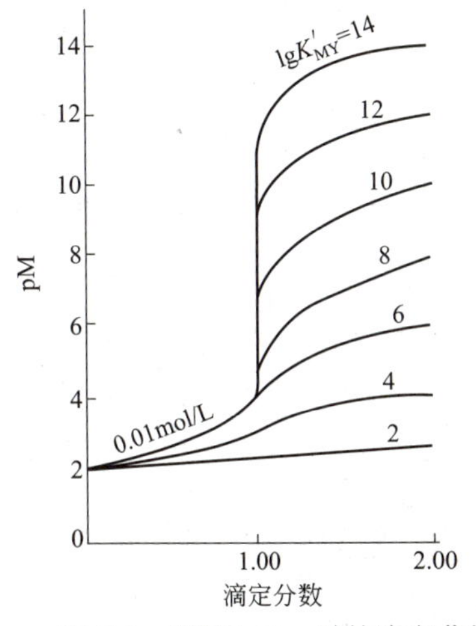

图 5-2　不同 $\lg K_{MY}$ 时的滴定曲线

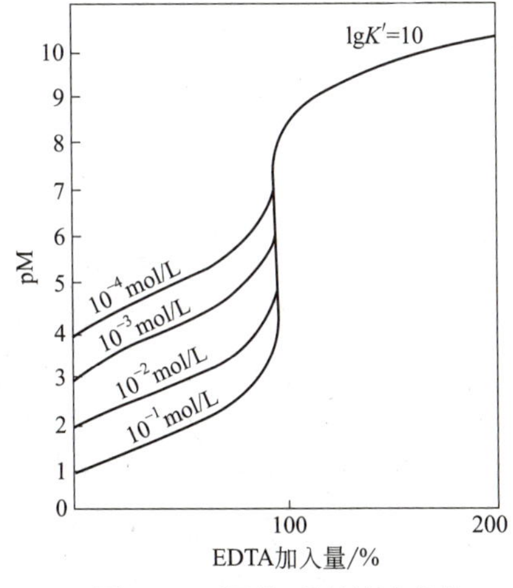

图 5-3　不同［M］的滴定曲线

由图 5-2、图 5-3 可知，配位滴定与酸碱滴定相似，计量点附近，有一个突跃，突跃越大，滴定的准确度越高。哪些因素影响滴定突跃的大小呢？有两个因素：①配合物的条件稳定常数 K'_{MY}，当金属离子的浓度一定时，K'_{MY} 越大，突跃越大；②金属离子的浓度，当 K'_{MY} 一定时，金属离子的浓度越大，突跃越大。

二、酸效应曲线

根据前面讨论，影响突跃的因素有两个：K'_{MY} 和金属离子的浓度。按滴定分析的一般要求，滴定所允许的相对误差不能大于 0.1%，通过相关方法，可以推导出以下公式：

$$cK'_{MY}\geqslant 10^6$$

$$\lg cK'_{MY}\geqslant 6$$

上式即为能准确滴定金属离子的判别式（误差小于 0.1%），c 为终点时金属离子的浓度，对于等浓度滴定，c 为金属离子初始浓度的一半（$c=\frac{1}{2}c_0$）

上面准确滴定金属离子判别式 $\lg cK'_{MY} \geqslant 6$，令 c=0.1000mol/L，可得 $\lg cK'_{MY} \geqslant 8$，只考虑酸效应情况下：

$$\lg K_{MY}-\lg\alpha_{Y(H)} \geqslant 8$$

$$\lg\alpha_{Y(H)} \leqslant \lg K_{MY}-8$$

利用上式可以求得滴定某个金属离子所允许的最高酸度（最低 pH 值）。如滴定 Ca^{2+}，假定其浓度为 0.01mol/L，$\lg\alpha_{Y(H)} \leqslant 10.69-8$，$\lg\alpha_{Y(H)} \leqslant 2.69$，查表 5-2，pH≈7.5，即要准确滴定 Ca^{2+} 需使用溶液的 pH ≥ 7.5。对于不同的金属离子，可以求得滴定允许的最小 pH 值，当然允许的终点误差为 0.1%，将各种金属离子允许的最小 pH 值连成曲线，即为酸效应曲线，如图 5-4 所示。

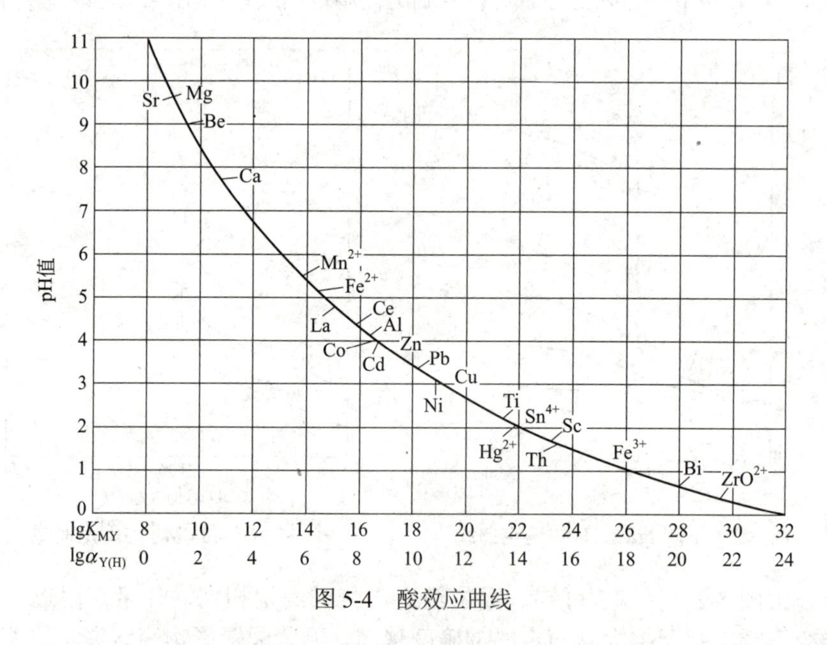

图 5-4　酸效应曲线

那么是不是 pH 值越大越好？当然不是，pH 值大到一定程度，金属离子会发生水解，也称作羟基配合效应。必须指出，酸效应曲线只考虑了酸度的影响（c=0.01mol/L），实际分析时，可作为参考，具体的 pH 值由实验确定。

学习单元四　金属指示剂

在配位滴定中，通常利用一种能与金属离子生成有色配合物的显色剂来指示滴定过程中金属离子浓度的变化，这种显色剂为金属离子指示剂，简称金属指示剂，它能与金属离子形成其本身有显著不同颜色的配合物，从而指示滴定终点。

一、金属指示剂的变色原理

金属指示剂也是一种配位剂，它们一般均为有机弱酸。如果将少量的指示剂加入待测金属离子溶液中，一部分金属离子 M 与指示剂 In 反应形成配合物：

$$\underset{}{M} + \underset{\text{(指示剂)(颜色 A)}}{In} \rightleftharpoons \underset{\text{(配合物)(颜色 B)}}{MIn}$$

此时溶液的颜色就是指示剂配合物 MIn 的颜色。

滴定过程中溶液呈现颜色 B。

化学计量点时，M 与 EDTA 全部配位，微过量的 EDTA 则夺取 MIn 中的金属离子，使指示剂游离出来，呈现其本身的颜色 A，A 与 B 有明显的区别，从而可确定终点的到达。终点时的反应如下：

$$\underset{\text{(颜色 B)}}{MIn} + Y \rightleftharpoons MY + \underset{\text{(颜色 A)}}{In}$$

现在以 EDTA 滴定 Mg^{2+} 用铬黑 T 作指示剂为例，来说明金属指示剂的变色原理。

指示剂铬黑 T（BT）本身在 pH=7 ～ 11 的溶液中显蓝色，与 Mg^{2+} 反应生成酒红色的配合物：

$$Mg + \underset{\text{(蓝色)}}{BT} \rightleftharpoons \underset{\text{(酒红色)}}{Mg\text{-}BT}$$

滴定开始时，EDTA 首先与游离的 Mg^{2+} 配位生成无色的配合物，这时溶液仍显 Mg-BT 的颜色（酒红色）。直到达到终点时，游离的 Mg^{2+} 几乎全部与 EDTA 配位以后，再加入 EDTA 时，由于 Mg-BT 不如 MgY 稳定，因此，EDTA 便夺取 Mg-BT 中的 Mg^{2+} 而使铬黑 T 游离出来：

$$\underset{\text{(酒红色)}}{Mg\text{-}BT} + \underset{\text{(无色)}}{Y} \rightleftharpoons MgY + \underset{\text{(蓝色)}}{BT}$$

所以当溶液由酒红色突变为蓝色时，即为滴定终点，这种颜色改变反差很大，非常明显，极易判断。

岗位小帮手

常见的金属指示剂

指示剂	使用的适宜 pH 值范围	颜色变化		直接滴定的离子	指示剂配制	注意事项
		In	MIn			
铬黑 T（BT 或 EBT）	8 ～ 10	蓝	红	pH=10，Mg^{2+}、Zn^{2+}、Cd^{2+}、Pb^{2+}、Mn^{2+} 稀土元素离子	1∶100NaCl（固体）	Fe^{3+}、Al^{3+}、Cu^{2+}、Ni^{2+} 等离子封闭 EBT
酸性铬蓝 K	8 ～ 13	蓝	红	pH=10，Mg^{2+}、Zn^{2+}、Mn^{2+}；pH=13，Ca^{2+}	1∶100NaCl（固体）	

续表

指示剂	使用的适宜 pH 值范围	颜色变化		直接滴定的离子	指示剂配制	注意事项
		In	MIn			
二甲酚橙（XO）	<6	亮黄	红	pH<1，ZrO^{2+}；pH=1～3.5，Bi^{3+}、Th^{4+}	0.5% 水溶液	Fe^{3+}、Al^{3+}、Ni^{2+}、Ti^{4+}
磺基水杨酸（ssal）	1.5～2.5	无色	紫红	pH=1.5～2.5，Fe^{3+}	5% 水溶液	磺基水杨酸本身无色，FeY 呈黄色
钙指示剂（NN）	12～13	蓝	红	pH=12～13，Ca^{2+}	1∶100NaCl（固体）	Ti^{4+}、Fe^{3+}、Al^{3+}、Cu^{2+}、Ni^{2+}、Co^{2+}、Mn^{2+}
PAN	2～12	黄	紫红	pH=2～3，Th^{4+}、Bi^{3+}；pH=4～5，Cu^{2+}、Ni^{2+}、Pb^{2+}、Cd^{2+}、Zn^{2+}、Mn^{2+}、Fe^{2+}	0.1% 乙醇溶液	MIn 在水中溶解度小，为防止 PAN 僵化，滴定时需加热

二、金属指示剂应具备的条件

金属离子的显色剂很多，但其中只有一部分能用作金属指示剂。一般金属指示剂应具备下列条件：

① 指示剂与金属离子形成的配合物（MIn）与指示剂本身（In）的颜色应有显著差别。

② 显色反应灵敏、迅速，有良好的变色可逆性。

③ 指示剂与金属离子形成的配合物稳定性要适当。既要有足够的稳定性（$K'_{MIn} \geqslant 10^4$），又要比该金属离子与 EDTA 形成的配合物稳定性小，这样才能在接近化学计量点，溶液中金属离子很少的情况下，指示剂仍能与之显色；当滴定剂稍过量时立即发生反应，转变为游离指示剂的颜色，指示滴定终点的到达。

④ 指示剂与金属离子形成的配合物应易溶于水。

⑤ 指示剂与金属离子的显色应具有一定的选择性。

⑥ 金属离子指示剂应比较稳定，便于贮存和使用。

三、使用指示剂应注意的事项

配位滴定时金属指示剂在化学计量点附近应有敏锐的颜色变化，指示滴定终点到达，但在实际工作中有时会发生达到计量点后，即使加入过量的 EDTA，溶液的颜色没有发生变化或变化非常缓慢的现象，这种现象称为指示剂的封闭或僵化。

产生指示剂封闭现象的原因可能是溶液中存在的某些金属离子与指示剂生成了比该金属离子与 EDTA 生成的配合物更稳定的有色配合物，因而造成到达化学计量点后过量的 EDTA 也不能把指示剂从有色配合物中置换出来，使溶液颜色没有改变。一般可用加入掩蔽剂的方法消除封闭现象，使干扰离子生成更稳定的配合物，从而不再与指示剂作用。如用 EDTA 滴定 Mg^{2+} 和 Ca^{2+} 时，以铬黑 T 作指示剂，若溶液中有 Cu^{2+}、Al^{3+}、Fe^{3+}、Ni^{2+} 等金属离子存在，就会发生封闭现象，可加三乙醇胺掩蔽 Al^{3+}、Fe^{3+}，用氟化钾或抗坏血酸掩蔽Cu^{2+}、Ni^{2+}。

产生指示剂僵化现象的原因是某些金属离子与指示剂生成难溶于水的有色配合物，虽然其稳定性比该金属离子与EDTA所形成的配合物低，但反应的速度缓慢，使终点延后。可通过加入适当的有机溶剂或加热的方法来消除。如用PAN指示剂时，常加入乙醇或丙酮或用加热的方法，可使终点时指示剂颜色变化明显。

指示剂变质现象的产生是由于金属指示剂大多为含双键的有色化合物，易被氧化，易分解或发生聚合（Cu^{2+}、Ni^{2+}等离子有催化作用），特别是在水溶液中不够稳定，日久会变质，失去指示剂的作用。故常将指示剂配成固体混合物以增强稳定性，延长保存时间。例如铬黑T和钙指示剂，常用固体NaCl或KCl作稀释剂配制。一般可加入掩蔽剂、还原剂避免指示剂被氧化。

学习单元五　配位滴定的选择性与滴定方式

提高配位滴定选择性的方法

一、提高配位滴定选择性的方法

前面讨论的是滴定单一的金属离子（M），但在实际工作中，溶液中不只有一种金属离子，有可能有多种，由于EDTA和多数金属离子都可形成稳定的配合物，这样在滴定时会相互干扰。提高配位滴定的选择性就是要采用多种方法消除共存离子（N）的干扰，往往采用以下方法：

1. 控制酸度

对于单一金属离子M，能够准确滴定的判别式为：$\lg cK'_{MY} \geqslant 6$，此时滴定误差$\leqslant 0.1\%$。

如果溶液中同时存在M、N两种金属离子，N为干扰离子，这时情况较为复杂，干扰的情况与两者的K'值和浓度有关。待测离子的浓度c_M越大，干扰离子的浓度c_N越小；待测离子的K'_{MY}越大，干扰离子的K'_{NY}越小，则滴定M时，N的干扰就越小。一般情况下，若满足下式：

$$\lg c_M K'_{MY} - \lg c_N K'_{NY} \geqslant 5$$

$$\Delta \lg cK' \geqslant 5$$

就可以准确滴定M，而N不干扰，此时滴定M的误差$\leqslant 0.3\%$，符合分析工作的要求。要准确滴定M，要求$\lg cK'_{MY} \geqslant 6$，代入上式得：

$$\lg c_N K'_{NY} \leqslant 1$$

在这种特定情况下，若满足上式，则N将不干扰M的滴定。在配位滴定中，常利用酸效应控制溶液的pH值，使$\lg c_M K'_{MY} \geqslant 6$，且$\lg c_N K'_{NY} \leqslant 1$，这时即可确定滴定M时不受N干扰。

必须指出，虽然控制酸度是消除干扰最简便、有效的方法，但它是有条件的。当两种离子浓度很接近，同时稳定常数也接近时，就不能使用此方法，可采取掩蔽等其他办法，也可选择其他滴定剂。

2. 利用掩蔽和解蔽

通常采用向被测溶液中加入某种试剂，使之与干扰离子作用从而降低溶液中游离干扰离子 N 的浓度及其与 EDTA 所形成配合物的条件稳定常数 K'_{NY}，从而消除干扰离子的影响，实现选择滴定 M 离子。这种方法称为掩蔽法，所加的试剂则称为掩蔽剂。常用的掩蔽法有配位掩蔽法、沉淀掩蔽法、氧化还原掩蔽法等。

（1）配位掩蔽法　通过加入掩蔽剂与干扰离子 N 形成稳定的配合物，降低溶液中游离干扰离子的浓度，从而减小 $\alpha_{Y(N)}$，使 $\lg c_M K'_{MY} - \lg c_N K'_{NY} \geqslant 5$，达到消除干扰、选择滴定 M 离子的目的。配位掩蔽法是实际工作中应用最广泛、最常用的一种掩蔽方法。方法有：

① 加入配位剂掩蔽 N，再用 EDTA 滴定 M　例如，用 EDTA 滴定水中的 Mg^{2+} 和 Ca^{2+} 测定水硬度时，Fe^{3+} 和 Al^{3+} 等离子会发生干扰，常加入三乙醇胺使 Fe^{3+} 和 Al^{3+} 生成更稳定的配合物，从而消除其干扰。又如 Zn^{2+} 和 Al^{3+} 共存时，可用 NH_4F 掩蔽 Al^{3+}，再将 pH 值调至 5 ～ 6 后，用 EDTA 准确滴定 Zn^{2+}。

② 先加配位掩蔽剂掩蔽 N，用 EDTA 准确滴定 M，再加入某种试剂，将 N 从其与掩蔽剂形成的配合物中释放出来，以 EDTA 准确滴定 N。这种将配位剂或金属离子从配合物中释放出来的作用称为解蔽作用，所用试剂则称为解蔽剂。利用某些选择性的解蔽剂，可提高配位滴定的选择性。

例如，溶液中含有 Cu^{2+}、Zn^{2+} 和 Pb^{2+} 三种金属离子，测定 Pb^{2+} 和 Zn^{2+} 含量时，在氨缓冲液中用 KCN 掩蔽 Cu^{2+}、Zn^{2+}，以铬黑 T 作指示剂，用 EDTA 滴定 Pb^{2+}。在滴定 Pb^{2+} 后的溶液中加入甲醛或三氯乙醛，使 $Zn(CN)_4^{2-}$ 被解蔽而释放出 Zn^{2+}，然后用 EDTA 滴定释放出的 Zn^{2+}。滴定过程中，为了防止 $Cu(CN)_4^{2-}$ 的解蔽使 Zn^{2+} 的测定结果偏高，应分次滴加甲醛且用量不宜过多，同时还应控制好温度，不能过高。

③ 先以 EDTA 直接滴定或返滴定测出 M、N 的总量，再加入配位掩蔽剂 L，使之与 NY 中的 N 发生配位反应，释放出 Y，再用金属离子标准溶液滴定 Y，以测定 N 的含量。

采用配位掩蔽剂需注意：

① 加入的掩蔽剂应不与被测离子配合，或即使配合其稳定性也远小于被测离子与 EDTA 所形成配合物的稳定性。

② 干扰离子与掩蔽剂所形成配合物的稳定性应远比与 EDTA 或指示剂与金属离子形成的配合物稳定性大。

③ 注意使用掩蔽剂的 pH 适用范围，应与滴定条件一致。

（2）沉淀掩蔽法　利用沉淀反应降低干扰离子的浓度以消除干扰的方法称为沉淀掩蔽法。如在 Mg^{2+}、Ca^{2+} 共存的溶液中，加入 NaOH 溶液使溶液的 pH ≥ 12，形成 $Mg(OH)_2$ 沉淀，而不干扰 Ca^{2+} 的测定。沉淀掩蔽法不是理想的掩蔽方法，如生成沉淀时，存在共沉淀现象，影响滴定的准确度，而对指示剂的吸附作用也影响终点的观察。沉淀的颜色或体积很大都会妨碍终点的观察。由于以上不利因素，沉淀掩蔽法应用不广泛。

（3）氧化还原掩蔽法　利用氧化还原反应来改变干扰离子的价态，以消除其干扰的方法，称为氧化还原掩蔽法。如 Fe^{3+}、Fe^{2+}，前者与 EDTA 形成的配合物比后者与 EDTA 形成的配合物稳定得多。在 pH=1 时，用 EDTA 滴定 Bi^{3+}，Fe^{3+} 的存在将造成干扰，此时可用还原剂将 Fe^{3+} 还原为 Fe^{2+}，从而消除其干扰。所用的还原剂为羟胺或抗坏血酸。氧化还原掩蔽法只适用于易发生氧化还原反应的金属离子，且生成物不干扰测定的情况下。

二、滴定方式

1. 直接滴定法

直接滴定法是配位滴定中最基本、最常用的分析方法，这种方法是将试样处理成溶液后，调节至所需要的酸度，加入必要的其他试剂和指示剂。直接用 EDTA 标准溶液滴定。直接滴定法方便、快速，引入的误差较小，因此，在可能的情况下应尽量采用直接滴定法。

采用直接滴定法时必须符合下列条件：

① 待测离子与 EDTA 形成稳定的配合物，满足 $\lg cK'_{MY} \geqslant 6$ 的要求。

② 配位反应速率足够快。

③ 有变色敏锐的指示剂且无封闭现象。

④ 在选用的滴定条件下，待测离子不发生水解和沉淀反应。

采用直接滴定法，可以滴定 Ca^{2+}、Mg^{2+}、Zn^{2+}、Cu^{2+}、Fe^{3+} 等几十种金属离子。对于不符合直接滴定条件的，可采用其他滴定方式。

2. 返滴定法

返滴定法是在待测溶液中加入一定量过量的 EDTA 标准溶液，待被测离子反应完全后，再用另一种金属离子标准溶液回滴过量的 EDTA。根据两种标准溶液的浓度及用量，即可求得待测物质的含量。

下列情况可使用返滴定法：

① 待测离子与 EDTA 反应缓慢；

② 待测离子发生水解等副反应；

③ 采用直接滴定法缺乏合适的指示剂，或待测离子对指示剂有封闭作用。

需注意返滴定所生成的配合物应有足够的稳定性，但不宜超过待测离子配合物的稳定性，否则在滴定过程中，返滴定剂会置换出被测离子，引起误差，且终点颜色变化不敏锐。

3. 置换滴定法

不能进行直接滴定时，也可采用置换滴定法。它是利用置换反应，置换出相当量的另一金属离子或置换出 EDTA，然后滴定。置换滴定法的方式灵活多样。例如置换金属离子，当金属离子 M 不能直接滴定时，可使其与另一金属离子的配合物 NL 反应，置换出 N。

$$M+NL=\!=\!=ML+N$$

然后用 EDTA 滴定 N，根据 N 与 M 的反应比，可由 EDTA 的消耗量计算出 M 的量。例如，Ag^{+} 与 EDTA 形成的配合物很不稳定，直接滴定得不到准确的结果，但它与 CN^- 形成的配合物却很稳定，它可从 $[Ni(CN)_4]^{+}$ 中置换出 Ni^{2+}。

$$2Ag^+ + [Ni(CN)_4]^{2-} = 2[Ag(CN)_2]^- + Ni^{2+}$$

然后用 EDTA 直接滴定置换出的 Ni^{2+}，根据 Ni^{2+} 的量可以推算出 Ag^+ 的量。

置换滴定法是提高配位滴定选择性的途径之一，也可以改善指示剂指示终点的敏锐性。

4. 间接滴定法

有些金属离子（如 Li^+、K^+ 等）和一些非金属离子（如 SO_4^{2-}、PO_4^{3-} 等）由于不能与 EDTA 配位，或生成的配合物不稳定，不便于配位滴定，此时可采用间接滴定的方法。

例如，PO_4^{3-} 的测定，在一定条件下，可将其沉淀为 $MgNH_4PO_4$，然后过滤、洗净并溶解，调节溶液 pH=10，用铬黑 T 作指示剂，以 EDTA 标准溶液滴定 Mg^{2+}，从而求出磷的含量。

匠心铸魂

绿水青山就是金山银山

经济发展和环境保护相辅相成、唇齿相依，生态环境是经济发展的要素，经济发展为保护生态环境提供物质、技术条件支持，二者并行不悖。绿水青山和金山银山，不可割裂，不能相互替代。一方面，不能拿绿水青山换金山银山，不考虑或者很少考虑环境的承载能力，一味索取资源；另一方面，坚持“绿水青山就是金山银山”，必须认识到只有“留得青山在”，才能“不怕没柴烧”；坚持“绿水青山就是金山银山”，不是不要发展，绿水青山可以源源不断地带来金山银山，绿水青山本身就是金山银山。生态问题不能用停止发展的办法解决，保护优先不是反对发展，其核心是要正确处理环境保护与经济发展的关系，关键在于发展不能再走老路，要将生态优势变成经济优势，转变经济增长方式，发展循环经济、建设资源节约型和环境友好型社会，在发展中保护生态环境，用良好的生态环境保证可持续发展。

趣味驿站

配合物让我们的生活多姿多彩

远古时代，人们用植物直接作为染料，但染料附着力不强，颜色暗淡。当在染色过程中加入金属离子形成配合物后，牢固度大大增加，显示出鲜艳的颜色。这是由于不存在配合物时，染料分子和织物以氢键或范德瓦耳斯力相连，当形成配合物后，其中金属与织物以配位键连接或沉积在织物上，并将光吸收移到可见区，使光吸收增强。国外最早有记录被用作染料的配合物是普鲁士蓝（也是世界上第一种人工合成的染料），传说是18 世纪初德国的一个染料工人把草木灰和牛血混合在一起进行焙烧成灰，再用水浸取焙烧后的物质，过滤掉不溶解的物质以后，向滤液中加入氯化铁溶液得到的一种颜色很鲜艳的蓝色沉淀。梵高的《星夜》就用到了大量的普鲁士蓝，毕加索作品《蜷坐的乞丐》(Crouching Beggar) 中也用到了普鲁士蓝。

我国应用配合物染料的历史则要悠久得多。《诗经》中就有“茹藘在阪”“缟衣茹藘”的记载，“茹藘”指的就是茜草，当时用茜草的根和黏土（或白矾）制成牢固度很高的红色染料，后来称为茜素染料，即存在于茜草根中的 1,2- 二羟基 -9,10- 蒽醌和黏土（或白矾）生成的红色配合物，对织物有强的附着力，这是最早的媒介染料。在长沙马王堆一号汉墓出土的“深红绢”和“长寿绣袍”的红色底色，经化验分析即是用茜素和媒染剂明矾多次浸染而成。金属配合物作为染料（或颜料）得到很大的发展，如偶氮染料、酞菁染料，大量用于染色和塑料中，如蓝色的酞菁合铜、酞菁合氧钛和金属偶氮配合物分别用于激光打印和喷墨打印技术中。此外，金属配合物作为染料还用于光数据储存和电致变色材料中。

任务一　EDTA 标准溶液的配制及标定

EDTA 标准溶液的配制及标定

【任务描述】

某化验室需要配制 0.02mol/L EDTA 标准溶液，现需要大家根据要求配制近似 0.02mol/L EDTA 溶液，并准确标定计算出 EDTA 标准溶液的浓度。

×× 化工厂实验室溶液配制通知单			
试剂名称		试剂型号	
试剂规格		试剂批号	
实验项目			
使用部门		总量	
配药人员		配药时间	
接样部门			
接单人		接样时间	

【任务分析】

乙二胺四乙酸（EDTA）难溶于水，其标准溶液常用其二钠盐（EDTA · 2Na · $2H_2O$）配制，EDTA 常因吸附约 0.3% 的水分和其中含有少量杂质而不能直接用作标准溶液。一般采用间接配制法，通常先将 EDTA 配成所需要的大概浓度 , 然后用基准物质标定。

【任务目标】

1. 养成“整理、整顿、清洁、清扫、素养、安全、节约”7S 的习惯；
2. 掌握 EDTA 标准溶液的配制及基准试剂的选择、准确浓度的计算的相关知识；
3. 掌握 EDTA 标准溶液的配制及数据处理、报告撰写的岗位技能。

【任务具体内容】

实验设计

0.02mol/L EDTA 标准溶液的配制及标定

仪器领用归还卡

类别	名称	规格	单位	数量	归还数量	归还情况
试剂						
仪器						
其他						

注：请爱护公共器材！在领用过程中如有破损或遗失，须按实验室制度予以赔偿！

领用时间：______年____月____日____时____分领用人：

归还时间：______年____月____日____时____分归还人：

经办人：

实验数据记录单

××化验室实验数据记录单	
实验项目	EDTA 标准溶液的配制及标定
实验时间	________年____月____日____时____分
实验人员	
实验依据	
实验条件	温度：　　　湿度：

	样品				质控	
序号	1	2	3	空白	1	2
$m_{前}$/g						
$m_{后}$/g						
m/g						
$V_{始}$/mL						
$V_{终}$/mL						
$V_{消耗}$/mL						
c/（mol/L）						
$\bar{c}$/（mol/L）						

检验人签名		复核人签名	
检验日期		复核日期	

任务评价卡——学生自评

评价内容	评分标准	得分
实验防护（10 分）	统一穿白大褂，佩戴手套	
预习报告（10 分）	根据任务提前预习并完成预习报告	
仪器及试剂准备（10 分）	实验仪器及试剂领用符合实验需求	
团队合作（10 分）	分工明确，认真细致，具有团队协作精神	
实验过程和结果（40 分）	思路清晰，操作熟练，结果准确	
绿色环保（10 分）	试剂无浪费，废液有序回收	
7S 管理（10 分）	仪器清洗归位，实验台面清理干净	
总得分		

任务评价卡——小组自评

评价内容	评分标准	得分
任务分工（20 分）	任务分工明确，安排合理	
合作效率（20 分）	按时完成任务	
团队协作意识（20 分）	集思广益，全员参与	
实验方法分享（20 分）	逻辑清晰，表达流畅，重点突出	
实验过程和结果（20 分）	思路清晰，操作熟练，结果准确	
总得分		

任务评价卡——教师评价

项目	考核内容	配分	操作要求	考核记录	扣分说明	扣分	得分
基准物的称量（10分）	称量操作	6	检查天平水平；清扫天平；敲样动作正确		错一项扣2分		
	基准物试样称量范围	4	称量范围不超出±5%～±10%		超出扣4分		
试液配制（10分）	洗涤、试漏	2	洗涤干净、正确试漏		错一项扣1分		
	定量转移	2	转移动作规范		错一项扣2分		
	定容	6	2/3处水平摇动；准确稀释至刻线；摇匀动作正确		错一项扣2分		
移取溶液（10分）	洗涤、润洗	2	洗涤干净；润洗方法正确		错一项扣1分		
	吸溶液	2	不吸空；不重吸		错一项扣1分		
	调刻线	3	调刻线前擦干外壁；调节液面刻度线准确；调节液面操作熟练		错一项扣1分		
	放溶液	3	移液管竖直；移液管尖靠壁；放液后停留15s		错一项扣1分		
滴定操作（20分）	洗涤、试漏、润洗	6	洗涤干净；正确试漏；正确润洗		错一项扣2分		
	滴定操作	14	滴定速度适当（2分）；终点控制熟练（1分×3次）；读数正确（1分×3次）；滴定终点判断正确（2分×3次）		根据指定分值扣分		
文明操作（5分）	物品摆放、仪器洗涤、“三废”处理	5	仪器摆放整齐；废纸/废液不乱扔；实验台擦拭干净；药品放回指定位置；结束后清洗仪器		错一项扣1分		
数据记录（10分）	记录、计算、有效数字保留	10	及时记录不缺项；计算过程正确；有效数字修约正确；结果准确；书写规范，有数字、有单位		错一项扣2分		
标定结果（20分）	精密度	10	相对极差≤0.50%		扣0分		
			0.50%<相对极差≤1.00%		扣5分		
			相对极差>1.00%		扣10分		
	准确度	10	相对误差≤0.50%		扣0分		
			0.50%<相对误差≤1.00%		扣5分		
			相对误差>1.00%		扣10分		
质控标准（15分）	稀释溶液	15	稀释倍数不准确		扣5分		
	质控范围		质控未进范围		扣10分		

自我分析与总结

存在的主要问题：	收获与总结：
今后改进、提高的方法：	

任务二　水总硬度的测定

【任务描述】

水的硬度测定

某污水处理厂为了适应城市快速发展，新购买了一批污水处理设备。为了检验新进设备性能，处理了一定体积的水，准备对水质进行全面检测。小蔡是一名环境监测公司分析检验员，他接到的任务是对水质硬度进行检测，如果你是小蔡你会怎么开展这个实验呢？

【任务分析】

水分硬水和软水。凡不含或含少量 Ca^{2+}、Mg^{2+} 的水称为软水，反之称为硬水。硬度由碳酸氢盐引起的系暂时性硬水，因碳酸氢盐在煮沸时分解为碳酸盐而沉淀；硬度由含钙和镁的硫酸盐和氯化物引起的系永久性硬水，因含钙和镁的硫酸盐经煮沸后不能去除。水的总硬度是将水中的 Ca^{2+}、Mg^{2+} 均折合为 CaO 或 $CaCO_3$ 来表示的。每升水中含 10mg CaO 叫一个德国度。我国常用德国度表示水的总硬度，有时也用 ρ_{CaO}/（mg/L）或 ρ_{CaCO_3}/（mg/L）来表示。我国生活饮用水卫生标准规定以 $CaCO_3$ 计的硬度不得超过 450mg/L。高品质的饮用水不超过 25mg/L，高品质的软水总硬度在 10mg/L 以下。

【任务目标】

1. 养成“整理、整顿、清洁、清扫、素养、安全、节约”7S 的习惯；
2. 掌握溶液的间接配制法及准确浓度的计算的相关知识；
3. 掌握溶液配制及数据处理的岗位技能。

【任务具体内容】

实验设计

水总硬度的测定

采样清单

××化工厂采样单			
采样名称		试剂性状	
采样规格		试剂批号	
采样部门		总量	
采样人员		采样时间	
接样部门			
接单人		接样时间	

仪器领用归还卡

类别	名称	规格	单位	数量	归还数量	归还情况
试剂						
指示剂						
仪器						
其他						

注：请爱护公共器材！在领用过程中如有破损或遗失，须按实验室制度予以赔偿！

领用时间：______年____月____日____时____分领用人：

归还时间：______年____月____日____时____分归还人：

经办人：

实验数据记录单

××化验室实验数据记录单						
实验项目	水总硬度的测定					
实验时间	______年____月____日____时____分					
实验人员						
实验依据						
实验条件	温度： 湿度：					
	样品				质控	
序号	1	2	3	空白	1	2
V_{H_2O}/mL						
c_{EDTA}/（mol/L）						
$V_{EDTA始}$/mL						
$V_{EDTA终}$/mL						
$V_{EDTA消耗}$/mL						
Ca^{2+}的含量						
Mg^{2+}的含量						
总硬度 /（mg/L）						
检验人签名		复核人签名				
检验日期		复核日期				

任务评价卡——学生自评

评价内容	评分标准	得分
实验防护（10 分）	统一穿白大褂，佩戴手套	
预习报告（10 分）	根据任务提前预习并完成预习报告	
仪器及试剂准备（10 分）	实验仪器及试剂领用符合实验需求	
团队合作（10 分）	分工明确，认真细致，具有团队协作精神	
实验过程和结果（40 分）	思路清晰，操作熟练，结果准确	
绿色环保（10 分）	试剂无浪费，废液有序回收	
7S 管理（10 分）	仪器清洗归位，实验台面清理干净	
总得分		

任务评价卡——小组自评

评价内容	评分标准	得分
任务分工（20 分）	任务分工明确，安排合理	
合作效率（20 分）	按时完成任务	
团队协作意识（20 分）	集思广益，全员参与	
实验方法分享（20 分）	逻辑清晰，表达流畅，重点突出	
实验过程和结果（20 分）	思路清晰，操作熟练，结果准确	
总得分		

任务评价卡——教师评价

项目	考核内容	配分	操作要求	考核记录	扣分说明	扣分	得分
正确采样（10分）	正确采样	10	采样规范； 样品具有代表性		错一项扣5分		
试液配制（15分）	洗涤	2	洗涤干净		洗涤不干净扣2分		
	配液（缓冲溶液、铬黑T等试剂）	10	配制计算不准确； 未用蒸馏水配制溶液； 配制未按规范操作进行； 配制结果有误； 未按规定储存		错一项扣2分		
	规范标签	3	规范贴标签（并填写记录人、时间、药品特性）		错一项扣1分		
移取溶液（10分）	洗涤、润洗	2	洗涤干净； 润洗方法正确		错一项扣1分		
	吸溶液	2	不吸空； 不重吸		错一项扣1分		
	调刻线	3	调刻线前擦干外壁； 调节液面刻度线准确； 调节液面操作熟练		错一项扣1分		
	放溶液	3	移液管竖直； 移液管尖靠壁； 放液后停留15s		错一项扣1分		
滴定操作（20分）	洗涤、试漏、润洗	6	洗涤干净； 正确试漏； 正确润洗		错一项扣2分		
	滴定操作	14	滴定速度适当（2分）； 终点控制熟练（1分×3次）； 读数正确（1分×3次）； 滴定终点判断正确（2分×3次）		根据指定分值扣分		
文明操作（5分）	物品摆放、仪器洗涤、“三废”处理	5	仪器摆放整齐； 废纸/废液不乱扔； 实验台擦拭干净； 药品放回指定位置； 结束后清洗仪器		错一项扣1分		
数据记录（10分）	记录、计算、有效数字保留	10	及时记录不缺项； 计算过程正确； 有效数字修约正确； 结果准确； 书写规范，有数字、有单位		错一项扣2分		
标定结果（20分）	精密度	10	相对极差≤0.50%		扣0分		
			0.50%<相对极差≤1.00%		扣5分		
			相对极差>1.00%		扣10分		
	准确度	10	相对误差≤0.50%		扣0分		
			0.50%<相对误差≤1.00%		扣5分		
			相对误差>1.00%		扣10分		
质控标准（10分）	稀释溶液	10	稀释倍数准确		扣5分		
	质控范围		质控进范围		扣5分		

自我分析与总结

存在的主要问题：	收获与总结：
今后改进、提高的方法：	

【巩固与练习】

5-1　为什么 EDTA 是比较好的络合滴定剂？它都具有哪些分析特性？

5-2　完全质子化的 EDTA 是几元酸？实验中常用 $Na_2H_2Y \cdot H_2O$ 来配制 EDTA 溶液，此时溶液的 pH 值为多少？

5-3　影响络合滴定突跃范围的因素有哪些？

5-4　何谓金属离子滴定的最高酸度与最低酸度？

5-5　什么是金属指示剂的理论变色点和理论变色范围？

5-6　含 Cu^{2+} 溶液，加入氨水，当反应达到平衡后，$[NH_3 \cdot H_2O]=10^{-4}$mol/L，$c_{Cu^{2+}}=1.0\times10^{-2}$mol/L，求算此时溶液中的［$Cu^{2+}$］。

5-7　计算在 pH 1.0 和 pH 2.0 时，草酸根的 $\lg\alpha_{C_2O_4(H)}$。

5-8　计算 pH 5.0 和 pH 10.0 时的 $\lg K'_{PbY}$ 值。

5-9　计算当 pH=5.0，［F^-］=0.001mol/L 时的 $\lg K'_{AlY}$ 值。

5-10　以 $NH_3 \cdot H_2O\text{-}NH^{4+}$ 缓冲体系控制被滴定液的 pH 值为 10.0，在计量点时［$NH_3 \cdot H_2O$］=0.1 mol/L，此时溶液中［CN^-］$=1.0\times10^{-3}$mol/L，试判断在此条件下能否以 2.0×10^{-2}mol/L EDTA 滴定等浓度的 Zn^{2+}？如能直接滴定，选用 EBT 为指示剂是否合适？

5-11　含 2.0×10^{-2}mol/L 的 Ca^{2+} 溶液用等浓度的 EDTA 标准溶液滴定，如滴定突跃要求≥ 0.4pM 单位，终点观测误差在 ±0.1% 之内，求算其滴定的最高酸度。

5-12　测定奶粉中的钙含量。1.500g 试样经灰化处理，并制备成试液，然后用 EDTA 标准溶液进行滴定。滴至终点时消耗 EDTA 标准溶液 13.10 mL。EDTA 标准溶液是用高纯金属锌标定的。具体做法是称取 0.6320g 高纯锌，用稀 HCl 溶解后，定容为 1.000L。吸取 10.00mL 该 Zn^{2+} 溶液用 EDTA 标准溶液滴定时需要 10.80mL。求算奶粉样品中钙的含量，以 μg/g 表示。

学习任务六

氧化还原滴定法

【案例引入】

维生素 C 又称为抗坏血酸，是一种人体不可缺少的营养物质。人们可以从蔬菜或水果中摄取。小明为了证明哪类水果抗坏血酸含量最高，准备做一个氧化还原滴定实验。你知道这个实验具体怎么完成吗？

【思维导学】

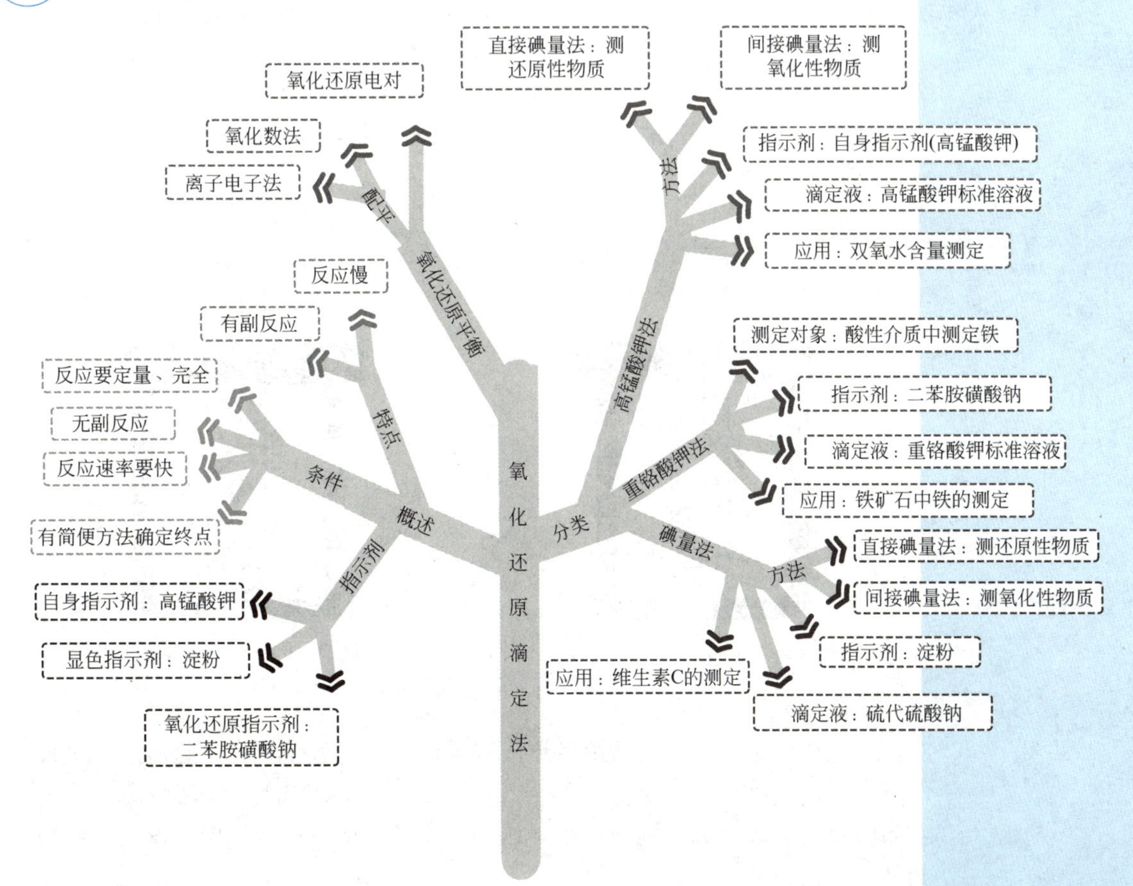

【职业综合能力】

1. 熟悉电极电势、电对、电极电位的概念及能斯特方程式。

2. 理解氧化还原平衡，学会用不同的方法配平氧化还原反应方程式，学会从不同的角度学习知识点，拓宽知识面。

3. 熟悉氧化还原滴定过程中电极电位的变化规律及滴定曲线，掌握滴定终点的确定方法。

4. 掌握高锰酸钾法、重铬酸钾法、碘量法及其实际应用，学会结合实际情况选择合适的实验方案。

任务准备

学习单元一　氧化还原电对和电极电位

一、电极电势

1. 电极电势的产生

在一定条件下，当将金属放入含有该金属离子的盐溶液时，有两种反应倾向：金属进入溶液形成离子［图 6-1（a）］；溶液中的离子从金属表面获得电子，沉积到金属上［图 6-1（b）］。即

$$M \rightleftharpoons M^{n+}+ne^-$$

这样，金属表面与其盐溶液就形成了带异种电荷的双电层（见图 6-1）。

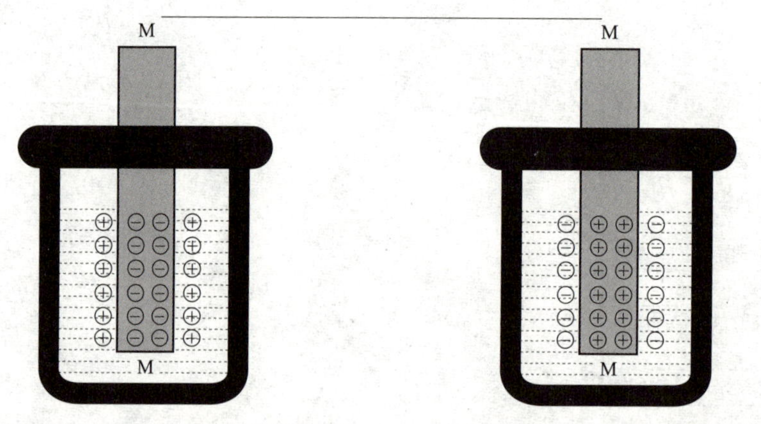

(a) 金属溶解的趋势大于离子沉积的趋势　　(b) 离子沉积的趋势大于金属溶解的趋势

图 6-1　金属的电极电势

这种金属表面与其盐溶液形成双电层间的电势差称为该金属的电极反应电势，简称电极电势。用符号“φ”表示。金属越活泼，溶解成离子的倾向越大，离子沉积倾向越小，达到平衡时，电极电势越低；反之，电极

电势越高。

2. 标准电极电势

电极电势的绝对值无法测定，只能测定其相对值。为此，规定用标准氢电极作为比较电极电势高低的标准。

① 标准氢电极　标准氢电极（图 6-2）是将镀有一层海绵状铂黑的铂片，浸入 H^+ 浓度为 1mol/L 的硫酸溶液中。在 298.15K 时不断通入 100kPa 的纯氢气流，使铂黑电极上吸附氢气达到饱和，并与溶液中 H^+ 达到平衡：

$$2H^+(1mol/L)+2e^- \rightleftharpoons H_2$$

此时，电对 H^+/H_2 中的物质都处于标准态，电极即为标准氢电极。规定在 298.15K 时，标准氢电极的电极电势为零，即

$$\varphi^{\ominus}(H^+/H_2)=0$$

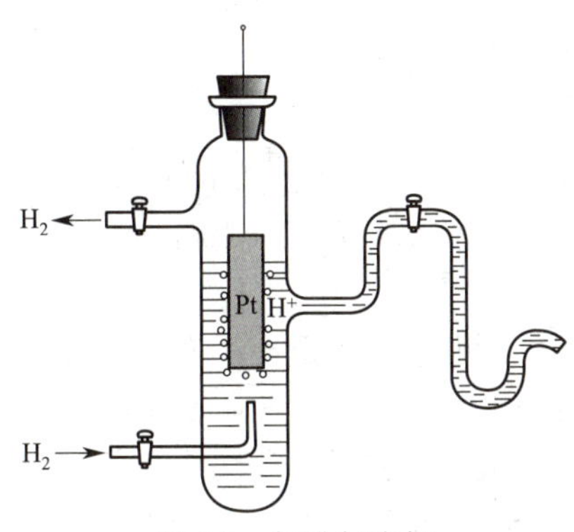

图 6-2　标准氢电极

② 标准电极电势　电极反应物质均处于标准态时的电极电势，称为电极的标准电极电势。用 $\varphi^{\ominus}$（氧化型 / 还原型）表示。

【例 6-1】 将标准锌电极与标准氢电极组成原电池。根据检流计指针偏转方向，得知电流由氢电极通过导线流向锌电极，所以标准氢电极为正极，标准锌电极为负极。原电池符号为：

$$(-)\ Zn|Zn^{2+}\ (1.0mol/L)\ ||H^+\ (1.0mol/L)\ |Pt,\ H_2(100kPa)\ (+)$$

请计算 $\varphi^{\ominus}_{Zn^{2+}/Zn}$。

解

电池反应为：$Zn+2H^+ = H_2\uparrow + Zn^{2+}$

298.15K 时，原电池标准电动势 $E^{\ominus}$=0.7618V，则

$$E^{\ominus}=\varphi^{\ominus}_{(+)}-\varphi^{\ominus}_{(-)}=\varphi^{\ominus}_{H^+/H_2}-\varphi^{\ominus}_{Zn^{2+}/Zn}=0.7618V$$

所以 $\varphi^{\ominus}_{Zn^{2+}/Zn}=-0.7618V$

3. 影响电极电势的因素

电极电势首先取决于构成电对物质的性质，同时也受温度、溶液中的离子浓度和溶液酸碱度的影响。其影响关系可用能斯特方程表示

$$a\ 氧化型 + ne^- \rightleftharpoons b\ 还原型$$

$$\varphi=\varphi^{\ominus}-\frac{RT}{nF}\ln\frac{[\text{还原型}]^b}{[\text{氧化型}]^a}$$

式中　φ——电对在任一温度、浓度时的电极电势，V；

$\varphi^{\ominus}$——电对的标准电极电势，V；

R——摩尔气体常数，8.314J/（mol·K）；

F——法拉第常数，96500C/mol；

T——热力学温度，K；

n——电极反应式中电子转移数；

$[\text{氧化型}]^a$、$[\text{还原型}]^b$分别表示电极反应中氧化型和还原型一侧各物质相对浓度幂的乘积，若是气体则用相对分压表示；指数 a、b 等于电极反应中各相应物质的化学计量数的绝对值；与书写平衡常数相似，纯固体、纯液体或稀溶液中的溶剂水，其浓度为常数，视为“1”。

若温度为 298.15K，则

$$\varphi=\varphi^{\ominus}-\frac{0.0592}{n}\ln\frac{[\text{还原型}]^b}{[\text{氧化型}]^a}$$

或

$$\varphi=\varphi^{\ominus}+\frac{0.0592}{n}\ln\frac{[\text{氧化型}]^a}{[\text{还原型}]^b}$$

由能斯特方程可知，氧化型物质浓度增大或还原型物质浓度减小，都会使电极电势值增大；相反，电极电势则减小。

【练一练】请写出下列电对的能斯特方程。

（1）Cl_2/Cl^-（2）MnO_4^-/Mn^{2+}（3）AgCl/Ag

【例 6-2】若 $c_{MnO_4^-}=c_{Mn^{2+}}$=1mol/L，计算 298.15K 时，电对 MnO_4^-/Mn^{2+} 在下列条件下的电极电势。

（1）c_{H^+}=1mol/L（2）c_{H^+}=0.001mol/L

解：电极反应 $MnO_4^-+8H^++5e^-=\!=Mn^{2+}+4H_2O$

查附录 3 得：$\varphi^{\ominus}_{MnO_4^-/Mn^{2+}}=1.507V$

$$\varphi_{MnO_4^-/Mn^{2+}}=\varphi^{\ominus}_{MnO_4^-/Mn^{2+}}+\frac{0.0592}{5}\lg\frac{[MnO_4^-][H^+]}{[Mn^{2+}]}=1.507+\frac{0.0592}{5}\lg[H^+]^8$$

（1）当 c_{H^+}=1mol/L 时：

$$\varphi_{MnO_4^-/Mn^{2+}}=1.507+\frac{0.0592}{5}\lg1^8=1.507\,(V)$$

（2）当 c_{H^+}=0.001mol/L 时：

$$\varphi_{MnO_4^-/Mn^{2+}}=1.507+\frac{0.0592}{5}\lg0.001^8=1.223\,(V)$$

根据标准态电极电势可以判断氧化剂、还原剂的相对强弱。比如，电极电势越大，其氧化态在标准态的氧化能力越强；电极电势越小，其还原态在标准态的还原能力越强。若电极反应处于非标准态，不能直接用标准电极电势判断氧化性或还原性的相对高低，则需用能斯特方程计算各电对的电极电势，然后再进行比较。

二、氧化还原电对

金属锌置换溶液中的 Cu^{2+} 的反应如下：

失去2e⁻，氧化数升高(被氧化)

$$Zn + Cu^{2+} \longrightarrow Zn^{2+} + Cu$$

得到2e⁻，氧化数降低(被还原)

反应分为两个部分

氧化反应：$Zn-2e^- \longrightarrow Zn^{2+}$

还原反应：$Cu^{2+}+2e^- \longrightarrow Cu$

每个半反应中同一种元素有两种不同氧化态，一对氧化型和还原型物质构成的共轭体系称为氧化还原电对，可用“氧化型 / 还原型”表示，如 Zn^{2+}/Zn，Cu^{2+}/Cu。

任何一个氧化还原反应都可以看成是两个半反应之和：一个是氧化剂（氧化型）在反应过程中氧化数降低，氧化型转化为还原型的半反应，另一个是还原剂（还原型）在反应过程中氧化数升高，还原型转化为氧化型的半反应。氧化剂和还原剂的强弱可以用有关电对的电极电位来衡量。

三、电极电位

电极电位

电对的电极电位越高，其氧化态的氧化能力越强；电对的电极电位越低，其还原态的还原能力越强。因此作为一种氧化剂，它可以氧化电位比它低的还原剂；作为一种还原剂，它可以还原电位比它高的氧化剂。由此可见，根据有关电对的电极电位，可以判断化学反应进行的方向。

氧化还原电对通常分为可逆电对与不可逆电对。可逆电对是指在氧化还原反应的任一瞬间，能按氧化还原半反应所示迅速地建立起氧化还原平衡，并且其实测电位与按能斯特（Nernst）公式计算所得的理论电位相符或相差甚小的电对。例如 Fe^{3+}/Fe^{2+}、I_2/I^- 等。不可逆电对的情况与可逆电对不同，它们不能在氧化还原反应的一瞬间迅速建立起氧化还原平衡，其实际电位与按能斯特（Nernst）公式计算所得的理论电位偏离较大。一般有中间价态的含氧酸及电极反应中有气体参与的电对多为不可逆电对。例如，MnO_4^-/Mn^{2+}、$S_4O_6^{2-}/S_2O_3^{2-}$ 等，它们的实际电位与理论电位相差较大。然而对于不可逆电对，用能斯特公式的计算结果作为初步判断依据仍具有实际意义。

可逆氧化还原电对的电极电位，可用能斯特公式求得。例如，Ox/Red 电对（省略离子的电荷），其电极半反应和能斯特公式为：

$$Ox+ne^- \rightleftharpoons Red$$

$$E_{Ox/Red}=E^{\ominus}_{Ox/Red}+\frac{RT}{nF}\ln\frac{a_{Ox}}{a_{Red}} \tag{6-1}$$

式中 $E_{Ox/Red}$——电对 Ox/Red 的电极电位；

$E^{\ominus}_{Ox/Red}$——电对 Ox/Red 的标准电极电位；

T——热力学温度；

R——摩尔气体常数，8.314J/（mol·K）；

F——法拉第常数，96500C/mol；

n——半反应中电子转移数；

a_{Ox}、a_{Red}——分别表示电极反应中在氧化型、还原型一侧各物种活度幂的乘积，当溶液浓度不太高时，通常用平衡浓度来表示。

当温度为298K、压强为100kPa时，将自然对数变换为常用对数，并代入 R 和 F 等的数值得：

$$E_{Ox/Red}=E^{\ominus}_{Ox/Red}+\frac{0.059}{n}\lg\frac{a_{Ox}}{a_{Red}}$$

从上式可见，电对的电极电位与存在于溶液中的氧化态和还原态的活度有关。当 $a_{Ox}=a_{Red}=1mol/L$ 时，$E_{Ox/Red}=E^{\ominus}_{Ox/Red}$，这时的电极电位等于标准电极电位。所谓标准态，即离子或分子的活度等于1mol/L，反应式中若有气体参加，则其分压等于100kPa时的电极电位。$E^{\ominus}_{Ox/Red}$ 仅随温度而变化。

对于同一价态元素，由于有不同的存在形式，与它有关的氧化还原电对可能有好几个，而每一电对的标准电位又各不相同。例如：

$$Ag^{+}+e^{-} \rightleftharpoons Ag \qquad E^{\ominus}_{Ag^{+}/Ag}=0.7995V$$

$$AgCl+e^{-} \rightleftharpoons Ag+Cl^{-} \qquad E^{\ominus}_{AgCl/Ag}=0.2223V$$

$$AgBr+e^{-} \rightleftharpoons Ag+Br^{-} \qquad E^{\ominus}_{AgBr/Ag}=0.071V$$

$$AgI+e^{-} \rightleftharpoons Ag+I^{-} \qquad E^{\ominus}_{AgI/Ag}=-0.152V$$

比较上述各电对的标准电极电位，可以看到，沉淀（电对中的氧化态）的溶解度越小，标准电极电位越低。其他化学平衡对氧化还原电对的标准电极电位的影响也是这样。凡是使氧化态活度降低的，标准电位就低；凡是使还原态活度降低的，标准电位就高。

同一价态元素的不同电对的标准电位可以根据有关的平衡常数，用能斯特方程求出它们间的关系。附录3中列出了常用电对的标准电极电势。

在处理氧化还原平衡时，还应注意到对称电对和不对称电对之间的区别。在对称的电对中，氧化态和还原态的系数相同，如 $Fe^{3+}+e^{-} \rightleftharpoons Fe^{2+}$ 等。在不对称的电对中，氧化态与还原态的系数不相同，如 $I_2+2e^{-} \rightleftharpoons 2I^{-}$、$Cr_2O_7^{2-}+14H^{+}+6e^{-} \rightleftharpoons 2Cr^{3+}+7H_2O$ 等。

四、条件电极电位

在实际工作中，若溶液的浓度大且离子价态高时，不能不考虑离子强度及氧化型或还原型的存在形式，否则计算电极电位的结果与实际情况相差较大。为了解决这个问题，人们通过实验测定了在特定条件下，当氧化型和还原型的分析浓度均为1mol/L时，校正了各种外界因素的影响后的实际电极电位，称为条件电极电位，用 $E^{\ominus'}$ 表示。

引入条件电极电位概念后，能斯特方程可以写成：

$$E_{Ox/Red}=E^{\ominus'}_{Ox/Red}+\frac{0.059}{n}\lg\frac{c_{Ox}}{c_{Red}}$$

标准电极电位与条件电极电位的关系与配位反应中的绝对稳定常数 K 和条件稳定常数 K' 的关系相似。条件电位校正了各种外界因素的影响，处理问题就比较简单，也比较符合实际情况，应用条件电极电位比应用标准电极电位能更准确地判断氧化还原反应方向、次序和反应完成的程度。

学习单元二　氧化还原方程式的配平

氧化还原反应的配平

一、氧化数法配平法

1. 氧化数定义

氧化数是指某元素一个原子的荷电数。

荷电数：假设把每个键中的电子指定给电负性更大的原子而求得的。

2. 确定氧化数的一般规则

① 单质中元素的氧化数为零。

② 中性分子中各元素氧化数的代数和等于零。

③ 单原子离子中元素的氧化数等于离子所带电荷数。

④ 在复杂离子中各元素氧化数的代数和等于该离子的电荷数。

⑤ 某些元素在化合物中的氧化数：通常氢在化合物中的氧化数为 +1；通常氧的氧化数为 −2。

3. 氧化数的表示方法

① 元素的氧化数通常写在元素符号的右上方，用 $+x$ 和 $-x$ 来表示。例如：$\overset{+2}{Fe}SO_4$，$\overset{+3}{Fe_2}O_3$。

② 在元素符号之后以罗马数字加括号表示。例如：$FeSO_4$ 中的 Fe（Ⅱ），Fe_2O_3 中的 Fe（Ⅲ）。

【练一练】

请分别求出 $Na_2S_4O_6$、$Na_2S_2O_3$ 中 S 的氧化数。

4. 氧化数法配平

氧化剂中元素氧化数降低的总值等于还原剂中元素氧化数升高的总值。依据此原则来确定氧化剂和还原剂化学式前面的系数，然后再根据质量守恒定律配平非氧化还原部分的原子数目。

【例 6-3】用氧化数法配平铜单质和稀硝酸的反应：

解：（1）标变价，列得失：

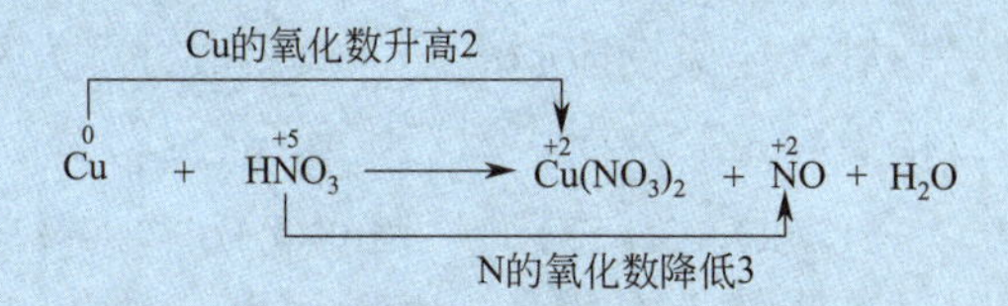

（2）求总数，从而确定氧化剂（或还原产物）和还原剂（或氧化产物）的化学计量数。

Cu的氧化数升高2×3

$$\overset{0}{Cu} + H\overset{+5}{N}O_3 \longrightarrow \overset{+2}{Cu}(NO_3)_2 + \overset{+2}{N}O + H_2O$$

N的氧化数降低3×2

（3）配系数，先配平变价元素，再利用原子守恒配平其他元素。

$$3Cu+8HNO_3 = 3Cu(NO_3)_2+2NO+4H_2O$$

（4）查守恒，其他原子在配平时相等，最后利用O原子守恒来进行验证。

二、离子电子配平法

根据氧化还原反应中离子、电子数的改变情况，按照离子、电子的增加量与降低量必须相等的原则来确定氧化剂和还原剂分子式前面的系数。

配平原则：

① 原子守恒　反应前后各元素的原子总数相等。

② 电荷守恒　方程式两边的离子电荷总数相等。

③ 得失电子总数相等　氧化剂得电子总数与还原剂失去电子总数相等。

【例6-4】用离子电子法配平高锰酸钾和亚硫酸钾在稀硫酸中的反应：

$$\underset{紫红色}{KMnO_4}+K_2SO_3 \xrightarrow{H^+} \underset{无色}{MnSO_4}+K_2SO_4$$

解：

（1）改写成离子反应

$$MnO_4^- +SO_3^{2-} \xrightarrow{H^+} Mn^{2+}+SO_4^{2-}$$

（2）将离子反应分解为两个半反应

还原半反应 $MnO_4^- \longrightarrow Mn^{2+}$

氧化半反应 $SO_3^{2-} \longrightarrow SO_4^{2-}$

（3）配平半反应　首先配平原子数，然后再加上适当电子数配平电荷数。

$$MnO_4^-+8H^++5e^- = Mn^{2+}+4H_2O$$

$$SO_3^{2-}+H_2O = SO_4^{2-}+2H^++2e^-$$

（4）找出得失电子数的最小公倍数　将半反应各项分别乘以相应系数，使得失电子数相等，然后两式相加，整理，即得配平的离子反应方程式

$$MnO_4^-+8H^++5e^- = Mn^{2+}+4H_2O \quad \times 2$$

$$(+)\ SO_3^{2-}+H_2O = SO_4^{2-}+2H^++2e^- \quad \times 5$$

$$2MnO_4^-+5SO_3^{2-}+6H^+ = 2Mn^{2+}+5SO_4^{2-}+3H_2O$$

（5）加上未参与氧化还原反应的离子，改写成分子方程式，核对两边各元素原子数是否相等，完成方程式配平。

$$2KMnO_4+5K_2SO_3+3H_2SO_4 = 2MnSO_4+6K_2SO_4+3H_2O$$

配平半反应时，若为酸性介质，O原子少的一侧加 H_2O，另一侧加2

倍的 H^+；在碱性介质中，O 原子多的一侧加 H_2O，另一侧加 2 倍的 H^+；而在中性介质中，若氧原子数不平，左侧加入 H_2O，右侧加 2 倍的 OH^- 或 H^+。

【练一练】请将下列两个反应方程式用不同方法完成配平。

1. 配平 $\underset{\text{紫红色}}{KMnO_4}+K_2SO_3 \xrightarrow{OH^-} \underset{\text{深绿色}}{K_2MnO_4}+K_2SO_4$

2. 配平在中性介质中进行的氧化还原反应

$$\underset{\text{紫红色}}{KMnO_4}+K_2SO_3 \longrightarrow \underset{\text{棕色}}{MnO_2}\downarrow+K_2SO_4$$

匠心铸魂

有得必有失

氧化还原反应是物质间同时有得电子和失电子存在的反应，也就是说在整个反应中有失去电子的物质必有得到电子的物质存在。其实，在漫漫人生路中也同样得失常在。人生不如意事十之八九，如果对每件事都斤斤计较、盘算利益得失，那么永远也无法走出名缰利锁的牢笼。当我们学会以平常心对待一切的时候，就能看到生活的美好。高考失利了，你就开始放弃自己，就觉得人生已然变得暗淡无光。其实，高考失利并不意味着人生从此再无出路，人生的出路有很多，就像每一个孩子发光点都不一样，但他总有属于自己的闪光点，只要不放弃不气馁，定可行行出状元，只要自己努力拼搏，仍会有不一样的成功。

年轻人，你要始终相信自己可以变得更优秀，相信自己还有更多的潜力，你所遇到的挫折只是为了让你变得更加优秀！所以，不要过分在意成功路上所遇到的种种坎坷、得到与失去。在这个大数据时代，只要你肯想，肯做，成功定会向你招手。

趣味驿站

酒精检测仪中的氧化还原反应

你知道吗？交通警察使用的酒精检测仪是应用氧化还原反应原理制成的，其反应的化学方程式为：

$$2K_2Cr_2O_7+3CH_3CH_2OH+8H_2SO_4 \longrightarrow 2K_2SO_4+2Cr_2(SO_4)_3+3CH_3COOH+11H_2O$$

$K_2Cr_2O_7$ 是一种橙红色具有强氧化性的化合物，当它在酸性条件下被还原成三价铬时，颜色变为绿色。据此，当交警发现汽车行驶不正常时，就可上前阻拦，并让司机对填充了吸附有 $K_2Cr_2O_7$ 的硅胶颗粒的装置吹气。若发现硅胶变色达到一定程度，即可证明司机是酒后驾车。

在此反应中，氧化剂是重铬酸钾，氧化产物是醋酸。还原剂是酒精，还原产物是硫酸铬。

学习单元三　氧化还原滴定原理

氧化还原滴定法是以氧化还原反应为基础的滴定分析方法。它在实际应用中占有重要的地位。利用该滴定方法不仅可以直接测定具有氧化性或还原性的物质，而且可以间接测定能与氧化剂或还原剂进行定量反应的物质以及糖类、酚类、烯烃类等有机物质。氧化还原滴定法是滴定分析中广泛运用的方法之一。

氧化还原反应滴定原理

氧化还原反应的实质是氧化剂与还原剂之间的电子转移，反应机理比较复杂，有些氧化还原反应常常伴有副反应的发生，因而没有确定的计量关系，另有一些反应理论上可以进行，但反应速率十分缓慢，必须加快反应速率才能用于滴定分析。因此，对于氧化还原反应，必须符合滴定反应的条件，才能进行滴定分析。

氧化还原滴定分析方法根据所用标准溶液的不同，习惯上分为高锰酸钾法、重铬酸钾法、碘量法，另外还有溴酸钾法、铈量法等。各种方法都有其特点和应用范围。

一、氧化还原反应特点

① 反应速率慢，且不易进行完全。
② 常伴有副反应。

二、氧化还原滴定分析法条件

① 反应要按方程式中的系数关系定量地进行完全；
② 无副反应发生；
③ 反应速率要快；
④ 要有简便的方法确定滴定终点。

三、氧化还原滴定曲线

在氧化还原滴定过程中，随着滴定剂的加入，氧化态和还原态物质的浓度不断改变，使有关电对的电极电势也随之发生变化。我们把这种以溶液的电极电势为纵坐标，加入的标准溶液的体积为横坐标作图，得到的曲线称为氧化还原滴定曲线。

下面以在 1.0mol/L H_2SO_4 介质中，用 0.1000mol/L $Ce(SO_4)_2$ 标准溶液滴定 20.00mL 等浓度的 $FeSO_4$ 溶液为例，计算并绘制氧化还原滴定曲线。

滴定反应式：$Ce^{4+}+Fe^{2+}═Ce^{3+}+Fe^{3+}$

两个电对的条件电极电位：

$$Fe^{3+}+e^{-}═Fe^{2+} \qquad E^{\ominus\prime}_{Fe^{3+}/Fe^{2+}}=0.68V$$

$$Ce^{4+}+e^{-}═Ce^{3+} \qquad E^{\ominus\prime}_{Ce^{4+}/Ce^{3+}}=1.44V$$

在滴定过程中：

$$E_{Fe^{3+}/Fe^{2+}}^{\ominus}=E_{Fe^{3+}/Fe^{2+}}^{\ominus'}+0.059\lg\frac{c_{Fe^{3+}}}{c_{Fe^{2+}}}$$

$$E_{Ce^{4+}/Ce^{3+}}^{\ominus}=E_{Ce^{4+}/Ce^{3+}}^{\ominus}+0.059\lg\frac{c_{Ce^{4+}}}{c_{Ce^{3+}}}$$

在 Fe^{2+} 溶液中每加一份 Ce^{4+} 溶液后的反应达到平衡时，都有 $E_{Fe^{3+}/Fe^{2+}}=E_{Ce^{4+}/Ce^{3+}}$，因此，可从两个电对中选用便于计算的电对，按能斯特方程计算体系的电位值 E，来确定滴定各个阶段、各平衡点的电位。

1. 化学计量点前

因加入的 Ce^{4+} 几乎全部被 Fe^{2+} 还原为 Ce^{3+}，达到平衡时 Ce^{4+} 的浓度很小，不易直接求得，但如果知道了滴定分数，就可求得$\frac{c_{Fe^{3+}}}{c_{Fe^{2+}}}$，按下式计算 E 值。

设 Fe^{2+} 被滴定的分数为 α, 则：

$$E=E_{Fe^{3+}/Fe^{2+}}^{\ominus'}+0.059\lg\frac{\alpha}{1-\alpha}$$

例如：当加入 $Ce(SO_4)_2$ 标准溶液 99.9%（即加入 19.98mL），Fe^{2+} 的溶液剩余 0.1%（即余 0.02mL）时，溶液电位是：

$$E=0.68+0.059\lg\frac{99.9}{0.1}=0.86\ (\mathrm{V})$$

2. 化学计量点时

当达到化学计量点时，可根据化学计量点电位公式 $E_{sp}=\frac{1}{n_1+n_2}(n_1E_1^{\ominus'}+n_2E_2^{\ominus'})$ 求得化学计量点电位值为：

$$E_{sp}=\frac{1}{n_1+n_2}\left[n_1E_{Ce^{4+}/Ce_1^{3+}}^{\ominus'}+n_2E_{Fe^{3+}/Fe_2^{2+}}^{\ominus'}\right]=\frac{1}{2}\times(0.68+1.44)=1.06\ (\mathrm{V})$$

3. 化学计量点后

化学计量点后，Fe^{2+} 离子几乎全部被 Ce^{4+} 氧化为 Fe^{3+}，$c_{Fe^{2+}}$ 不易直接被求得，但只要知道加入过量 Ce^{4+} 的分数，就可以求得$\frac{c_{Ce^{4+}}}{c_{Ce^{3+}}}$，按下式计算 E 值。

设滴入 Ce^{4+} 的分数为 α（$\alpha>100\%$），则生成 Ce^{3+} 的分数为 100%，过量的 Ce^{4+} 为 $\alpha-1$，得：$E=E_{Ce^{4+}/Ce^{3+}}^{\ominus'}+0.059\lg\frac{\alpha-100\%}{100\%}$

例如，当滴入了 100.1% 的 Ce^{4+}，Ce^{4+} 过量 0.1%(即过量 0.02mL）时，溶液电位是：

$$E=1.44+0.059\lg\frac{0.1}{100}=1.26\ (\mathrm{V})$$

同样方法，可计算滴入 Ce^{4+} 溶液 1.00 mL、2.00 mL、4.00 mL、8.00 mL、10.00 mL、12.00 mL、18.00 mL、19.80 mL 时的电对电势。其结果列于表 6-1 中。

表 6-1　在 1.0mol/L H_2SO_4 介质中，用 0.1000 mol/L $Ce(SO_4)_2$ 标准溶液滴定 20.00mL 0.1000mol/L $FeSO_4$ 溶液电位的变化

加入 Ce^{4+} 溶液		电位 /V	加入 Ce^{4+} 溶液		电位 /V
体积 /mL	分数 a/%		体积 /mL	分数 a/%	
1.00	5.0	0.60	19.80	99.0	0.80
2.00	10.0	0.62	19.98	99.0	0.86 滴定突跃
4.00	20.0	0.64	20.00	100.0	1.06 滴定突跃
8.00	40.0	0.67	20.02	100.1	1.26 滴定突跃
10.00	50.0	0.68	22.00	110.0	1.38
12.00	60.0	0.69	30.00	150.0	1.42
18.00	90.0	0.74	40.00	200.0	1.44

由氧化还原滴定曲线图 6-3 可知，从化学计量点前 Fe^{2+} 剩余 0.1% 到化学计量点后 Ce^{4+} 过量 0.1%，溶液的电极电势值由 0.86 V 增加至 1.26 V，改变了 0.4V，这个变化范围称为滴定突跃范围，即上述滴定的突跃范围为 0.86 ～ 1.26V。电势突跃的大小和氧化剂与还原剂两电对的条件电极电势的差值有关。条件电极电势相差越大，突跃越大；反之较小。借助指示剂目测化学计量点时，通常要求在 0.2 V 以上的突跃。电势突跃的范围是选择氧化还原指示剂的依据。

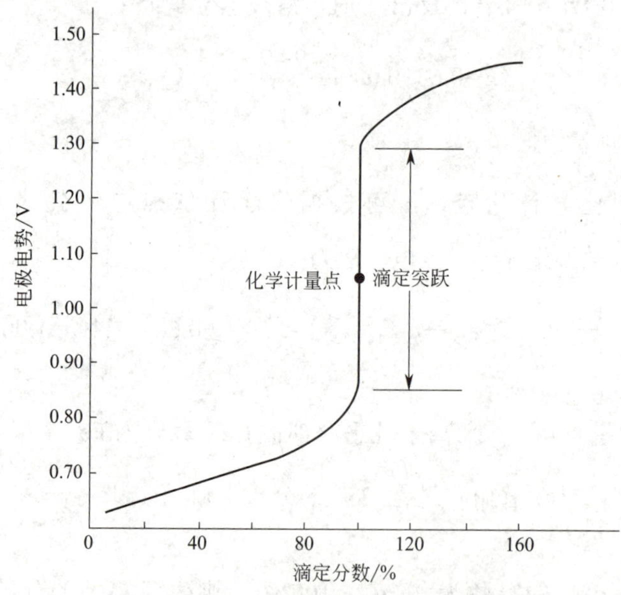

图 6-3　0.1000mol/L $Ce(SO_4)_2$ 溶液
滴定 20.00mL 0.1000mol/L $FeSO_4$ 溶液（1.0mol/L H_2SO_4 介质）

学习单元四　氧化还原指示剂

氧化还原指示剂

在氧化还原滴定中，除了用电位法确定其终点外，通常是用指示剂来指示滴定终点。氧化还原滴定中常用的指示剂有以下三类。

一、自身指示剂

氧化还原滴定过程中，有些标准溶液或被测的物质本身有很深的颜色，而滴定产物为无色或颜色很淡，滴定时就无需另加指示剂，它们本身起着指示剂的作用，这种物质叫做自身指示剂。例如，以 $KMnO_4$ 标准溶液滴定 $FeSO_4$ 溶液：

$$MnO_4^- + 5Fe^{2+} + 8H^+ = Mn^{2+} + 5Fe^{3+} + 4H_2O$$

由于 $KMnO_4$ 本身为深紫色，而 Mn^{2+} 几乎为无色，所以当滴定到化学计量点时，稍微过量的 $KMnO_4$ 就使被测溶液呈现粉红色，表示滴定终点已经达到。实验证明，$KMnO_4$ 的浓度约为 2×10^{-6}mol/L 时，就可以观察到溶液呈粉红色。

二、显色指示剂（专属指示剂）

显色指示剂本身无氧化还原性，但能与滴定剂或被测定物质发生显色反应，而且是可逆的，因而可指示滴定终点。常用的显色指示剂如淀粉，淀粉与碘溶液反应生成深蓝色的吸附产物，当 I_2 被还原为 I^- 时，蓝色突然褪去。

三、氧化还原指示剂

氧化型和还原型具有不同颜色，当指示剂发生转变时，溶液颜色改变，从而指示滴定终点。例如，用 $K_2Cr_2O_7$ 滴定 Fe^{2+} 时，常用二苯胺磺酸钠作指示剂，其还原型无色，滴定至化学计量点时，稍过量的 $K_2Cr_2O_7$ 使二苯胺磺酸钠转变为氧化型，溶液显紫红色，指示滴定终点到达。

若以 In（Ox）和 In（Red）分别代表指示剂的氧化型和还原型，滴定过程中，指示剂电极反应为：

$$\text{In(Ox)} + ne^- \rightleftharpoons \text{In(Red)}$$

$$\varphi^{\ominus} = \varphi^{\ominus'} + \frac{0.0592}{n}\lg\frac{[\text{In(Ox)}]}{[\text{In(Red)}]}$$

滴定过程中，随着溶液电势的改变，其浓度比也在改变，致使溶液颜色也发生变化。肉眼可见溶液颜色变化的电势范围，称为氧化还原指示剂的变色范围，它相当于浓度比从 1/10 变化到 10 时的电势变化范围。

$$\varphi^{\ominus} = \varphi^{\ominus'} \pm \frac{0.0592}{n}$$

当被滴定溶液电势等于 $\varphi^{\ominus'}$ 时，指剂呈中间色，称为变色点。

指示剂选择原则：指示剂变色点要处于电势突跃范围内。例如，前述在 1.0mol/L H_2SO_4 溶液中，用 Ce^{4+} 滴定 Fe^{2+} 时，电势突跃范围是 0.86 ～ 1.26V。显然，选择邻苯氨基苯甲酸和邻二氮菲亚铁比较合适，而选二苯胺磺酸钠则终点提前，终点误差将大于允许误差。

岗位小帮手

指示剂	$\varphi^{\ominus'}$/V c_{H^+}=1mol/L	颜色变化	
		氧化型	还原型
亚甲基蓝	0.52	蓝色	无色
二苯胺磺酸钠	0.85	紫红色	无色
邻苯氨基苯甲酸	0.89	紫红色	无色
邻二氮菲亚铁	1.06	浅蓝色	无色

匠心铸魂

拥有批判性思维的重要性

通过前面一系列理论和实验的学习，想必同学们已经掌握了不少知识点，也已经了解到为了判断滴定终点，每个实验开始之前都会滴加一种物质——指示剂。但是，你如果在这一章中的所有实验中重复上面的操作可就大错特错了！

因为我们将要认识一种新的指示剂——自身指示剂。自身指示剂就是本身就有指示剂作用的物质，比如高锰酸钾。

由此可以看出思考很重要，拥有批判性思维更重要。一些人称，学校教育的主要功能是“传授知识”，但如保罗所言，很难想象一个受过良好教育的人却无法独立思考。教育不应该只是一个将信息硬塞进人的头脑的过程，而是应该有意识地教授批判性思考的方法和原则。但是批判性思维不是不听从别人意见，不认可教师所传授的知识，别人一说话，就反驳。批判性思维是能够独立思考，主观判断，能够清晰准确地表达、逻辑严谨地推理、合理地论证。批判性思维不是为了批判而批判，而是为了通过分析和评估作出更好的判断。

趣味驿站

暖宝宝为什么会发热呢?

阵阵寒潮袭来，暖宝宝一贴即热，方便易带，成为不少女生的保暖神器。不过你贴了这么多，有没有好奇过暖宝宝为什么会发热?

暖宝宝由原料层、明胶层和无纺布袋组成。明胶层作用是不透气，防止产品在使用前就发生反应；无纺布袋是采用微孔透气膜制作的，当去掉外袋后，内袋（无纺布袋）暴露在空气里，空气中的氧气通过透气膜进入里面。放热的时间和温度就是通过透气膜的透氧速率进行控制的。如果透氧太快，热量一下子就放掉了，而且还有可能烫伤皮肤。如果透氧太慢，就没有什么温度了。

原料层则是反应物所在层。暖宝宝发热材料主要由铁粉、活性炭、蛭石、水、盐等材料构成。

反应原理为利用原电池加快氧化反应速率，将化学能转变为热能。其中铁粉、活性炭、水、盐构成原电池的必要条件。

负极：$Fe-2e^- =\!= Fe^{2+}$

正极：$O_2+2H_2O+4e^- =\!= 4OH^-$

总反应：$2Fe+O_2+2H_2O =\!= 2Fe(OH)_2$

$4Fe(OH)_2+2H_2O+O_2 =\!= 4Fe(OH)_3\downarrow$

$2Fe(OH)_3 =\!= Fe_2O_3+3H_2O$

蛭石的作用是保温。它是一种铁镁质铝硅酸盐矿物。暖宝宝内使用的蛭石为经过高温焙烧后体积膨胀的蛭石粉，又称保温蛭石。膨胀后的蛭石平均容重为 100 ～ 200kg/m^3。因经焙烧膨胀后的蛭石有细小的空气隔层，所以有很好的保温性能。

学习单元五　氧化还原滴定法分类及介绍

一、高锰酸钾法

1. 高锰酸钾法概述

高锰酸钾法的优点是 $KMnO_4$ 氧化能力强，在强酸性溶液中，被还原为 Mn^{2+}。

$$MnO_4^-+8H^++5e^- =\!= Mn^{2+}+4H_2O \qquad \varphi^{\ominus}_{MnO_4^-/Mn^{2+}}=1.507V$$

高锰酸钾法多用硫酸介质，而不用盐酸、硝酸等介质。因为盐酸有还原性，能诱发副反应，干扰滴定；硝酸有氧化性，容易产生副反应。

在弱酸性、中性或弱碱性溶液中，高锰酸钾被还原为 MnO_2 沉淀，妨碍终点观察、易产生误差。

但当 pH ＞ 12 时，由于 $KMnO_4$ 氧化有机物的反应比在酸性条件下更快，所以常在强碱性溶液中测定有机物。

另外，$KMnO_4$ 本身为紫红色，在滴定无色或浅色溶液时不需要另加指示剂，其本身可作为自身指示剂。$KMnO_4$ 试剂中常含有少量的杂质，配制的 $KMnO_4$ 标准溶液不太稳定，易与空气和水中的多种还原性物质发生反应，因此标定后不宜长期储存。

2. 高锰酸钾标准溶液的配制与标定

市售高锰酸钾常含有少量杂质，如 MnO_2、硫酸盐、氯化物及硝酸盐等，而且蒸馏水中也常含有微量还原性物质，可与 $KMnO_4$ 反应生成 $MnO(OH)_2$ 沉淀，MnO_2 与 $MnO(OH)_2$ 又能进一步促进 $KMnO_4$ 溶液的自身分解，因此不能用直接法配制标准溶液。

为了配制较稳定的 $KMnO_4$ 溶液，可称取稍多于理论量的 $KMnO_4$，溶于一定体积的蒸馏水中，加热煮沸约 1h，冷却后放置数天，使溶液中可能存在的还原性物质完全氧化。然后用微孔玻璃漏斗过滤除去析出的沉淀，将过滤后的 $KMnO_4$ 溶液储存于棕色试剂瓶中，并存放于暗处，再进行标定。使用经久放置后的 $KMnO_4$ 溶液时应重新标定其浓度。

标定 $KMnO_4$ 溶液的基准物质有 $Na_2C_2O_4$、$(NH_4)_2Fe(SO_4)_2 \cdot 6H_2O$、$H_2C_2O_4 \cdot 2H_2O$ 和纯铁丝等。常用的是 $Na_2C_2O_4$，这是因为它容易提纯，性质稳定，不含结晶水，在 105 ～ 110℃烘 2h 至恒重即可使用。标定反应为：

$$2MnO_4^- + 5C_2O_4^{2-} + 16H^+ \longrightarrow 2Mn^{2+} + 10CO_2\uparrow + 8H_2O$$

为使标定反应定量进行，应注意以下滴定条件：

① 温度　加热至 70 ～ 85℃再进行滴定。但温度不能超过 90℃，否则草酸（$H_2C_2O_4$）分解，标定结果偏高。温度也不宜过低，低于 60℃时，反应速率又太慢。

$$H_2C_2O_4 \longrightarrow H_2O + CO_2\uparrow + CO\uparrow$$

② 酸度　一般控制硫酸浓度为 0.5 ～ 1mol/L，滴定终点时为 0.2 ～ 0.5mol/L。酸度不足，易生成 MnO_2 沉淀；酸度过高，草酸易分解。

③ 滴定速率　滴定开始时，应等第一滴 $KMnO_4$ 溶液褪色后，再加第二滴，此后由于生成的 Mn^{2+} 自动催化作用，反应逐渐加快，可略快滴定。但不能过快，否则 $KMnO_4$ 在热酸性溶液中分解，导致标定结果偏低。

$$4MnO_4^- + 12H^+ \longrightarrow 4Mn^{2+} + 5O_2\uparrow + 6H_2O$$

④ 滴定终点　滴定至溶液呈淡粉红色，30s 不褪色即为终点。若放置时间过长，空气中还原性物质能使 $KMnO_4$ 还原而褪色。溶液放置一段时间后，若发现有 MnO_2 沉淀析出，应重新过滤并标定。

3. 高锰酸钾法的应用实例

实例 1　双氧水中 H_2O_2 含量的测定

室温条件下，稀 H_2SO_4 介质中，可用 $KMnO_4$ 标准滴定溶液直接滴定 H_2O_2 溶液，反应如下：

$$2MnO_4^- + 5H_2O_2 + 6H^+ = 2Mn^{2+} + 5O_2\uparrow + 8H_2O$$

反应开始时较慢，随着 Mn^{2+} 的增加，反应速率加快。也可预先加入少量 Mn^{2+} 作为催化剂。

许多还原性物质，如 $FeSO_4$、As（Ⅲ）、Sb（Ⅲ）、$H_2C_2O_4$、Sn^{2+} 等，都可用直接法测定。

实例 2　水样中化学耗氧量（COD）的测定

COD_{Mn} 的测定方法是：在酸性条件下，加入过量的 $KMnO_4$ 溶液，将水样中的某些有机物及还原性物质氧化，反应后在剩余的 $KMnO_4$ 溶液中加入过量的 $Na_2C_2O_4$ 还原，再用 $KMnO_4$ 溶液回滴过量的 $Na_2C_2O_4$，从而计算出水样中所含还原性物质所消耗的 $KMnO_4$，再换算为 COD_{Mn}。

测定过程中所发生的有关反应如下：

水样 $+H_2SO_4+KMnO_4 \rightarrow$ 加热 $\rightarrow Na_2C_2O_4$（过量）$\rightarrow$ 滴定

$$4MnO_4^- + 5C + 12H^+ = 4Mn^{2+} + 5CO_2\uparrow + 6H_2O$$

$$2MnO_4^- + 5C_2O_4^{2-} + 16H^+ = 2Mn^{2+} + 10CO_2\uparrow + 8H_2O$$

注意：Cl^- 对此法有干扰。

二、重铬酸钾法

1. 重铬酸钾法概述

重铬酸钾法是以 $K_2Cr_2O_7$ 作为标准溶液的氧化还原滴定法。它的优点是 $K_2Cr_2O_7$ 容易提纯（可达 99.99%），干燥后，可以作为基准物质，因而可用直接法配制 $K_2Cr_2O_7$ 标准溶液。$K_2Cr_2O_7$ 标准溶液非常稳定，可以长期保存在密闭容器中。据文献记载，一瓶 0.017mol/L $K_2Cr_2O_7$ 溶液放置 24 年后，其浓度无明显改变。$K_2Cr_2O_7$ 的氧化性不如 $KMnO_4$ 的强，在室温下，当 HCl 浓度低于 3mol/L 时，$Cr_2O_7^{2-}$ 不氧化 Cl^-，故可在 HCl 介质中进行滴定。$K_2Cr_2O_7$ 是一种强氧化剂，它只能在酸性条件下与还原剂作用，$Cr_2O_7^{2-}$ 被还原为 Cr^{3+}：

$$Cr_2O_7^{2-}+14H^++6e^- \longrightarrow 2Cr^{3+}+7H_2O \qquad E^{\ominus}=1.33V$$

在酸性介质中，橙色的 $Cr_2O_7^{2-}$ 的还原产物是绿色的 Cr^{3+}，颜色变化难以观察，故不能根据 $Cr_2O_7^{2-}$ 本身颜色变化来确定终点，而需采用氧化还原指示剂确定滴定终点，如二苯胺磺酸钠等。

2. 重铬酸钾标准溶液的配制

$K_2Cr_2O_7$ 标准滴定溶液的制备既可用直接法也可用间接法，GB/T 601—2016《化学试剂 标准滴定溶液的制备》中 4.5 给出了 $K_2Cr_2O_7$ 标准滴定溶液的两种制备方法。

3. 重铬酸钾法应用实例

实例 1　铁样中全铁含量的测定

重铬酸钾法直接测定铁矿石中的全铁含量，是重铬酸钾法最重要的应用。测定时，试样（铁矿石等）用 HCl 溶解后，将 Fe^{3+} 预处理成 Fe^{2+}，再在 H_2SO_4-H_3PO_4 的混合酸介质中，以二苯胺磺酸钠为指示剂，用 $K_2Cr_2O_7$ 标准溶液滴定，溶液由浅绿色变为紫红色即为终点。 铁矿石中全铁含量的测定方法（俗称无汞测铁），所依据的标准是 GB/T 6730.65—2009。本法适用于天然铁矿石、铁精矿和造块，包括烧结产品中全铁含量的测定。取样和试样制备参照 GB/T 6730.65—2009 中 6 执行 。

实例 2　水样中化学耗氧量（COD）的测定

$KMnO_4$ 法测定化学耗氧量（COD_{Mn}）只适用于较为清洁水样的测定。若需要测定污染严重的生活污水和工业废水则需要用 $K_2Cr_2O_7$ 法。用 $K_2Cr_2O_7$ 法测定的化学耗氧量用 COD_{Cr}（mg/L）表示。

在水样中加入过量 $K_2Cr_2O_7$ 溶液，加热回流使有机物氧化成 CO_2，过量 $K_2Cr_2O_7$ 用 $FeSO_4$ 标准滴定溶液返滴定，用亚铁灵指示滴定终点。

三、碘量法

1. 碘量法概述

碘量法是氧化还原滴定法中，应用比较广泛的一种方法。这是因为电

对 I_2/I^- 的标准电位既不高，也不低，碘可作为氧化剂而被中强的还原剂（如 Sn^{2+}、H_2SO_4）等所还原；碘离子也可作为还原剂而被中强的或强的氧化剂（如 H_2SO_4、MnO_4^- 等）所氧化。

原理：碘量法是利用 I_2 的氧化性和 I^- 的还原性为基础的一种氧化还原方法。

其半反应为：$I_2+2e^- \longrightarrow 2I^-$ $\qquad \varphi^{\ominus}_{I_2/I^-}=0.5355V$

固体 I_2 在水中溶解度很小（25℃时为 1.18×10^{-3}mol/L），且易于挥发。通常将 I_2 溶解于 KI 溶液中，此时它以 I_3^- 形式存在：

$$I_3^-+2e^- \longrightarrow 3I^- \qquad \varphi^{\ominus}_{I_3^-/I^-}=0.536V$$

I_2（或 I_3^-）是较弱氧化剂，可与较强的还原剂作用；I^- 是中等强度还原剂，能与许多氧化剂作用。

（1）直接碘量法——碘滴定法　用 I_2 配成的标准滴定溶液可以直接滴定电势值比 $\varphi^{\ominus}_{I_2/I^-}$ 小的还原性物质。直接碘量法不适用于碱性溶液，因为碘与碱发生歧化反应：

$$I_2+2OH^- \longrightarrow IO^-+I^-+H_2O \qquad 3IO^- \longrightarrow IO_3^-+2I^-$$

（2）间接碘量法——滴定碘法　电势比 $\varphi^{\ominus}_{I_2/I^-}$ 高的氧化性物质可在一定条件下用 I^- 还原，再用 $Na_2S_2O_3$ 标准滴定溶液滴定释放出的 I_2，该法可测 Cu^{2+}、$Cr_2O_7^{2-}$、IO_3^-、BrO_3^-、ClO^-、ClO_3^-、H_2O_2 和 Fe^{3+} 等氧化性物质。

2. 碘量法标准滴定溶液的配制及标定

（1）I_2 标准滴定溶液的制备　市售碘单质固体纯度不高，又因碘单质易挥发，无法直接配制成所需准确浓度溶液。通常是用市售的碘先配成接近浓度的碘溶液，然后用基准试剂或已知准确浓度的 $Na_2S_2O_3$ 标准滴定溶液来标定碘溶液的准确浓度。由于 I_2 难溶于水，易溶于 KI 溶液，故配制时应将 I_2、KI 与少量水一起研磨后再用水稀释，并保存在棕色试剂瓶中待标定。

I_2 溶液可用 As_2O_3 基准试剂标定。As_2O_3 难溶于水，多用 NaOH 溶液溶解，使之生成亚砷酸钠，再用 I_2 溶液滴定 AsO_3^{3-}，同时做空白试验。根据称取的 As_2O_3 质量和滴定时消耗 I_2 溶液的体积，可计算出 I_2 标准溶液的浓度。计算公式如下：

$$c_{\frac{1}{2}I_2}=\frac{m_{As_2O_3}\times1000}{(V-V_0)\times M_{\frac{1}{4}As_2O_3}}$$

也可用已知准确浓度的 $Na_2S_2O_3$ 标准滴定溶液来标定。

（2）硫代硫酸钠标准滴定溶液的制备　含结晶水的 $Na_2S_2O_3\cdot5H_2O$ 容易风化潮解，且含少量杂质，不能直接配制标准溶液，并且 $Na_2S_2O_3$ 化学稳定性差，能被溶解的 O_2、CO_2 和微生物所分解析出硫。因此配制 $Na_2S_2O_3$ 标准溶液时应采用新煮沸（除氧、杀菌）并冷却的蒸馏水。配制过程中加入少量 Na_2CO_3 使溶液呈弱碱性（抑制细菌生长），溶液保存在棕色瓶中，置于暗处放置 8 ～ 12 天后标定。

标定 $Na_2S_2O_3$ 所用基准物为 $K_2Cr_2O_7$。采用间接碘量法标定。在酸性

溶液中使 $K_2Cr_2O_7$ 与 KI 反应，以淀粉为指示剂，用 $Na_2S_2O_3$ 溶液滴定。以 $K_2Cr_2O_7$ 为基准试剂的标定，标定反应如下：

$$K_2Cr_2O_7+6KI+7H_2SO_4 \longrightarrow 4K_2SO_4+Cr_2(SO_4)_3+3I_2+7H_2O$$

$$I_2+2Na_2S_2O_3 \longrightarrow 2NaI+Na_2S_4O_6$$

滴定终点后，如经过 5min 以上溶液变蓝，属于正常，如溶液迅速变蓝，说明反应不完全，遇到这种情况应重新标定。

3. 碘量法应用实例

实例　维生素 C（药）含量的测定

维生素 C 又名抗坏血酸。维生素 C 分子中的烯醇基具有较强的还原性，能被 I_2 定量氧化成二酮基：

$$C_6H_8O_6+I_2 = C_6H_6O_6+2HI$$

故维生素 C 可用直接碘量法进行测定。维生素 C 的含量测定可依据《中国药典》进行。原料药中维生素 C 的含量，以质量分数 $w_{C_6H_8O_6}$ 计。

岗位小帮手

如何延长淀粉指示剂的有效期?

淀粉指示剂溶液，由于容易变质，不能长久存放，通常采用以下方法处理：

① 加水杨酸　称取 1.0g 淀粉，用水调成糊状，倒入 100mL 沸腾的蒸馏水中，另取 0.5g 水杨酸溶于少量乙醇后倒入淀粉溶液，趁热将淀粉溶液倒入蒸馏水中并稀释至 2000mL，摇匀，备用。

② 加硼酸　称取 1.0g 淀粉，用少许水拌匀，徐徐倒入充分沸腾的 500mL 热水中，加 0.5g 硼酸，继续煮沸 5min，并用煮沸的热水稀释至 2000mL，摇匀，备用。硼酸可以作淀粉溶液的防腐剂，使淀粉溶液可放置 1 年以上。

匠心铸魂

人类只有一个地球

氧化还原滴定法中的重铬酸钾法是我国测量水质指标化学需氧量（COD）的标准方法。该法对应的国家标准不断升级换代，根本原因在于需解决屏蔽氯离子而带来的重金属汞的二次污染问题。随着人类发展越来越迅速，我们的地球也遭受到了前所未有的破坏。当前，全球气候变暖，导致海平面上升；臭氧层被破坏，越来越多的紫外线直射地面；生物多样性减少，森林锐减，土地荒漠化；大气、水体、海洋固体废物污染等诸多环境问题变得越来越严重，当前的世界经济发展模式已无法适应当前世界环境现状。我们始终要铭记，我们只有一个地球，它容不得我们随意摧残。再多的金钱也换不回我们的绿水青山，唯有绿水青山才是我们的金山银山。保护环境，你我皆须行动！

趣味驿站

你知道高锰酸钾有哪些作用吗?

生火: 根据高锰酸钾与有机物接触、摩擦、碰撞，产生热量放出氧会引起燃烧的原理，将一份砂糖和两份高锰酸钾混合后，在干木片中间研磨，如果天气干燥，木片很快就能燃烧。

净化水: 高锰酸钾是自来水厂净化水用的常规添加剂。在野外取水时，1L 水中加三四粒高锰酸钾，30min 即可饮用。

消炎: 高锰酸钾为强氧化剂，遇有机物即放出新生态氧，有杀灭细菌的作用。其杀菌力极强，临床上常用（1∶2000）～（1∶5000）的溶液冲洗皮肤创伤、溃疡、鹅口疮、脓肿等。溶液漱口用于去除口臭及口腔消毒。应注意的是，溶液的浓度要适当，浓度过高会造成局部腐蚀溃烂。在配置溶液时要考虑时间，高锰酸钾放出氧的速度慢，浸泡时间一定要达到 5min 才能杀死细菌。配制溶液要用凉开水。

洗胃: 在野外误食植物中毒时，要尽快洗胃，减少毒性物质吸收，简单的方法就是用（1∶1000）～（1∶4000）的高锰酸钾溶液洗胃。

任务实施

任务一　$KMnO_4$ 标准溶液的配制及标定

高锰酸钾含量的测定

【任务描述】

某化工厂有两个刚毕业参加工作的学生，第一天企业老师要求两位学生配制 0.0200mol/L $KMnO_4$ 溶液，并准确标定计算出 $KMnO_4$ 浓度。

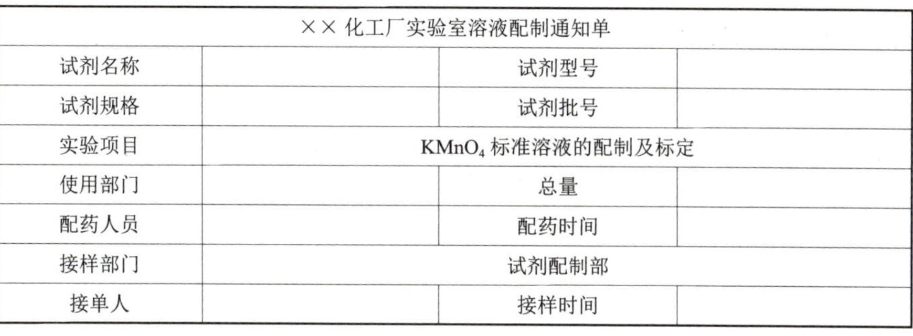

×× 化工厂实验室溶液配制通知单			
试剂名称		试剂型号	
试剂规格		试剂批号	
实验项目	$KMnO_4$ 标准溶液的配制及标定		
使用部门		总量	
配药人员		配药时间	
接样部门	试剂配制部		
接单人		接样时间	

【任务分析】

在配制 $KMnO_4$ 溶液之前，首先要掌握 $KMnO_4$ 的性质，清楚为什么直接配制出的 $KMnO_4$ 溶液浓度不准确，掌握溶液的间接配制法，并学会选择合适的基准试剂，准确标定出 $KMnO_4$ 溶液的浓度。

【任务目标】

1. 养成“整理、整顿、清洁、清扫、素养、安全、节约”7S 的习惯；
2. 掌握 $KMnO_4$ 溶液的间接配制法及标定步骤；
3. 掌握溶液配制及数据处理的岗位技能。

【任务具体内容】

实验设计

0.0200mol/L $KMnO_4$ 标准溶液的配制及标定

仪器领用归还卡

类别	名称	规格	单位	数量	归还数量	归还情况
试剂						
仪器						
其他						

注：请爱护公共器材！在领用过程中如有破损或遗失，须按实验室制度予以赔偿！

领用时间：______年____月____日____时____分领用人：

归还时间：______年____月____日____时____分归还人：

经办人：

实验数据记录单

×× 化工厂实验数据记录单			
实验项目	$KMnO_4$ 标准溶液的配制及标定		
实验时间	______年___月___日___时___分		
实验人员			
实验依据			
实验条件	温度：　　　湿度：		

物理量	样品				质控	
	1	2	3	空白	1	2
$M_{前}$/g						
$M_{后}$/g						
M/g						
$V_{始}$/mL						
$V_{终}$/mL						
$V_{消耗}$/mL						
c/（mol/L）						
$\bar{c}$/（mol/L）						

检验人签名		复核人签名	
检验日期		复核日期	

任务评价卡——学生自评

评价内容	评分标准	得分
实验防护（10 分）	统一穿白大褂，佩戴手套	
预习报告（10 分）	根据任务提前预习并完成预习报告	
仪器及试剂准备（10 分）	实验仪器及试剂领用符合实验需求	
团队合作（10 分）	分工明确，认真细致，具有团队协作精神	
实验过程和结果（40 分）	思路清晰，操作熟练，结果准确	
绿色环保（10 分）	试剂无浪费，废液有序回收	
7S 管理（10 分）	仪器清洗归位，实验台面清理干净	
总得分		

任务评价卡——小组自评

评价内容	评分标准	得分
任务分工（20 分）	任务分工明确，安排合理	
合作效率（20 分）	按时完成任务	
团队协作意识（20 分）	集思广益，全员参与	
实验方法分享（20 分）	逻辑清晰，表达流畅，重点突出	
实验过程和结果（20 分）	思路清晰，操作熟练，结果准确	
总得分		

任务评价卡——教师评价

项目	考核内容	配分	操作要求	考核记录	扣分说明	扣分	得分
基准物的称量（10 分）	称量操作	6	检查天平水平； 清扫天平； 敲样动作正确		错一项扣 2 分		
	基准物试样称量范围	4	称量范围不超出 ±5% ～ ±10%		超出扣 4 分		
试液配制（10 分）	洗涤、试漏	2	洗涤干净、正确试漏		错一项扣 1 分		
	定量转移	2	转移动作规范		不规范扣 2 分		
	定容	6	2/3 处水平摇动； 准确稀释至刻线； 摇匀动作正确		错一项扣 2 分		
移取溶液（10 分）	洗涤、润洗	2	洗涤干净； 润洗方法正确		错一项扣 1 分		
	吸溶液	2	不吸空； 不重吸		错一项扣 1 分		
	调刻线	3	调刻线前擦干外壁； 调节液面刻度线准确； 调节液面操作熟练		错一项扣 1 分		
	放溶液	3	移液管竖直； 移液管尖靠壁； 放液后停留 15s		错一项扣 1 分		
滴定操作（20 分）	洗涤、试漏、润洗	6	洗涤干净； 正确试漏； 正确润洗		错一项扣 2 分		
	滴定操作	14	滴定速度适当（2 分）； 终点控制熟练（1 分 ×3 次）； 读数正确（1 分 ×3 次）； 滴定终点判断正确（2 分 ×3 次）		根据指定分值扣分		
文明操作（5 分）	物品摆放、仪器洗涤、“三废”处理	5	仪器摆放整齐； 废纸 / 废液不乱扔； 实验台擦拭干净； 药品放回指定位置； 结束后清洗仪器		错一项扣 1 分		
数据记录（10 分）	记录、计算、有效数字保留	10	及时记录不缺项； 计算过程正确； 有效数字修约正确； 结果准确； 书写规范，有数字、有单位		错一项扣 2 分		
标定结果（20 分）	精密度	10	相对极差≤ 0.50%		扣 0 分		
			0.50%< 相对极差≤ 1.00%		扣 5 分		
			相对极差 >1.00%		扣 10 分		
	准确度	10	相对误差≤ 0.50%		扣 0 分		
			0.50%< 相对误差≤ 1.00%		扣 5 分		
			相对误差 >1.00%		扣 10 分		
质控标准（15 分）	稀释溶液	15	稀释倍数不准确		扣 5 分		
	质控范围		质控未进范围		扣 10 分		

自我分析与总结

<table>
<tr><td>存在的主要问题：</td><td>收获与总结：</td></tr>
<tr><td colspan="2">今后改进、提高的方法：</td></tr>
</table>

任务二　$Na_2S_2O_3$ 标准溶液的配制及标定

【任务描述】

某环境监测公司收到一个测定水中溶解氧的任务。化验室的小刘现需要配制 0.1000mol/L $Na_2S_2O_3$ 溶液，并准确标定计算出 $Na_2S_2O_3$ 浓度。

×× 环境监测公司实验室溶液配制通知单			
试剂名称		试剂型号	
试剂规格		试剂批号	
实验项目	$Na_2S_2O_3$ 标准溶液的配制及标定		
使用部门		总量	
配药人员		配药时间	
接样部门	试剂配制部		
接单人		接样时间	

【任务分析】

在配制 $Na_2S_2O_3$ 溶液之前，首先要掌握 $Na_2S_2O_3$ 的性质，清楚为什么直接配制出的 $Na_2S_2O_3$ 溶液浓度不准确，掌握溶液的间接配制法，并学会选择合适的基准试剂，准确标定出 $Na_2S_2O_3$ 溶液的浓度。

【任务目标】

1. 养成“整理、整顿、清洁、清扫、素养、安全、节约”7S 的习惯；
2. 掌握 $Na_2S_2O_3$ 溶液的间接配制法及标定步骤；
3. 通过 $Na_2S_2O_3$ 的标定，掌握置换滴定法的实验步骤及原理；
4. 掌握溶液配制及数据处理的岗位技能。

【任务具体内容】

实验设计

$0.1000mol/L\ Na_2S_2O_3$ 标准溶液的配制及标定

仪器领用归还卡

类别	名称	规格	单位	数量	归还数量	归还情况
试剂						
仪器						
其他						

注：请爱护公共器材！在领用过程中如有破损或遗失，须按实验室制度予以赔偿！

领用时间：______年____月____日____时____分领用人：

归还时间：______年____月____日____时____分归还人：

经办人：

实验数据记录单

××环境监测公司实验数据记录单							
实验项目	$Na_2S_2O_3$ 标准溶液的配制及标定						
实验时间	________年___月___日___时___分						
实验人员							
实验依据							
实验条件	温度：　　湿度：						
物理量	样品				质控		
	1	2	3	空白	1	2	
$M_{前}$/g							
$M_{后}$/g							
M/g							
$V_{始}$/mL							
$V_{终}$/mL							
$V_{消耗}$/mL							
c/（mol/L）							
$\bar{c}$/（mol/L）							
检验人签名		复核人签名					
检验日期		复核日期					

任务评价卡——学生自评

评价内容	评分标准	得分
实验防护（10分）	统一穿白大褂，佩戴手套	
预习报告（10分）	根据任务提前预习并完成预习报告	
仪器及试剂准备（10分）	实验仪器及试剂领用符合实验需求	
团队合作（10分）	分工明确，认真细致，具有团队协作精神	
实验过程和结果（40分）	思路清晰，操作熟练，结果准确	
绿色环保（10分）	试剂无浪费，废液有序回收	
7S管理（10分）	仪器清洗归位，实验台面清理干净	
总得分		

任务评价卡——小组自评

评价内容	评分标准	得分
任务分工（20分）	任务分工明确，安排合理	
合作效率（20分）	按时完成任务	
团队协作意识（20分）	集思广益，全员参与	
实验方法分享（20分）	逻辑清晰，表达流畅，重点突出	
实验过程和结果（20分）	思路清晰，操作熟练，结果准确	
总得分		

任务评价卡——教师评价

项目	考核内容	配分	操作要求	考核记录	扣分说明	扣分	得分
基准物的称量（10分）	称量操作	6	检查天平水平； 清扫天平； 敲样动作正确		错一项扣2分		
	基准物试样称量范围	4	称量范围不超出±5%～±10%		超出扣4分		
试液配制（10分）	洗涤、试漏	2	洗涤干净、正确试漏		错一项扣1分		
	定量转移	2	转移动作规范		不规范扣2分		
	定容	6	2/3处水平摇动； 准确稀释至刻线； 摇匀动作正确		错一项扣2分		
移取溶液（10分）	洗涤、润洗	2	洗涤干净； 润洗方法正确		错一项扣1分		
	吸溶液	2	不吸空； 不重吸		错一项扣1分		
	调刻线	3	调刻线前擦干外壁； 调节液面刻度线准确； 调节液面操作熟练		错一项扣1分		
	放溶液	3	移液管竖直； 移液管尖靠壁； 放液后停留15s		错一项扣1分		
滴定操作（20分）	洗涤、试漏、润洗	6	洗涤干净； 正确试漏； 正确润洗		错一项扣2分		
	滴定操作	14	滴定速度适当（2分）； 终点控制熟练（1分×3次）； 读数正确（1分×3次）； 滴定终点判断正确（2分×3次）		根据指定分值扣分		
文明操作（5分）	物品摆放、仪器洗涤、“三废”处理	5	仪器摆放整齐； 废纸/废液不乱扔； 实验台擦拭干净； 药品放回指定位置； 结束后清洗仪器		错一项扣1分		
数据记录（10分）	记录、计算、有效数字保留	10	及时记录不缺项； 计算过程正确； 有效数字修约正确； 结果准确； 书写规范，有数字、有单位		错一项扣2分		
标定结果（20分）	精密度	10	相对极差≤0.50%		扣0分		
			0.50%< 相对极差≤1.00%		扣5分		
			相对极差>1.00%		扣10分		
	准确度	10	相对误差≤0.50%		扣0分		
			0.50%< 相对误差≤1.00%		扣5分		
			相对误差>1.00%		扣10分		
质控标准（15分）	稀释溶液	15	稀释倍数不准确		扣5分		
	质控范围		质控未进范围		扣10分		

自我分析与总结

存在的主要问题：	收获与总结：
今后改进、提高的方法：	

任务三　双氧水中 H_2O_2 含量的测定

【任务描述】

某制药厂质检部门现需检验一批新到的双氧水中 H_2O_2 的含量，为后期公司生产医用 H_2O_2 提供有效保障。

【任务分析】

双氧水含量测定

双氧水是一种氧化性漂白剂，为无色水溶液，市场上双氧水的浓度一般为 27.5%、30% 等，目前双氧水是棉及棉型织物应用最广泛的漂白剂。一般医用双氧水的浓度是百分之三，它最大的作用就是杀灭厌氧菌，引起伤口感染的主要就是厌氧菌，如破伤风。双氧水有较强的腐蚀性，在测定浓度时应格外小心。

常用标定好的高锰酸钾标准溶液来测定其含量。H_2O_2 在酸性溶液中是强氧化剂，但遇 $KMnO_4$ 时表现为还原剂。滴定过程中由于高锰酸钾溶液自身就为指示剂，当溶液呈现微红色时，即为终点，记下所消耗高锰酸钾标准溶液 V，可根据 V 来计算 H_2O_2 含量。

【任务目标】

1. 养成“整理、整顿、清洁、清扫、素养、安全、节约”7S 的习惯；
2. 掌握利用不同方法确定未知溶液浓度的方法；
3. 掌握溶液配制及数据处理的岗位技能。

【任务具体内容】

实验设计

双氧水中 H_2O_2 含量的测定——高锰酸钾法

采样清单

××制药厂采样单			
采样名称		试剂性状	
采样规格		试剂批号	
采样部门		总量	
采样人员		采样时间	
接样部门			
接单人		接样时间	

仪器领用归还卡

类别	名称	规格	单位	数量	归还数量	归还情况
试剂						
指示剂						
仪器						
其他						

注：请爱护公共器材！在领用过程中如有破损或遗失，须按实验室制度予以赔偿！

领用时间：______年____月____日____时____分领用人：

归还时间：______年____月____日____时____分归还人：

经办人：

实验数据记录单

<table>
<tr><td colspan="8">××制药厂实验数据记录单</td></tr>
<tr><td>实验项目</td><td colspan="7">双氧水含量的测定</td></tr>
<tr><td>实验时间</td><td colspan="7">______年___月___日___时___分</td></tr>
<tr><td>实验人员</td><td colspan="7"></td></tr>
<tr><td>实验依据</td><td colspan="7"></td></tr>
<tr><td>实验条件</td><td colspan="7">温度：　　湿度：</td></tr>
<tr><td rowspan="2">物理量</td><td colspan="4">样品</td><td colspan="2">质控</td></tr>
<tr><td>1</td><td>2</td><td>3</td><td>空白</td><td>1</td><td>2</td></tr>
<tr><td>$M_{前}$/g</td><td></td><td></td><td></td><td></td><td></td><td></td></tr>
<tr><td>$M_{后}$/g</td><td></td><td></td><td></td><td></td><td></td><td></td></tr>
<tr><td>M/g</td><td></td><td></td><td></td><td></td><td></td><td></td></tr>
<tr><td>$V_{始}$/mL</td><td></td><td></td><td></td><td></td><td></td><td></td></tr>
<tr><td>$V_{终}$/mL</td><td></td><td></td><td></td><td></td><td></td><td></td></tr>
<tr><td>$V_{消耗}$/mL</td><td></td><td></td><td></td><td></td><td></td><td></td></tr>
<tr><td>c_{KMnO_4}/（mol/L）</td><td></td><td></td><td></td><td></td><td></td><td></td></tr>
<tr><td>$\rho_{H_2O_2}$/（mg/L）</td><td></td><td></td><td></td><td></td><td></td><td></td></tr>
<tr><td>$\bar{\rho}_{H_2O_2}$/（mg/L）</td><td colspan="4"></td><td colspan="2"></td></tr>
<tr><td>检验人签名</td><td colspan="3"></td><td colspan="2">复核人签名</td><td colspan="2"></td></tr>
<tr><td>检验日期</td><td colspan="3"></td><td colspan="2">复核日期</td><td colspan="2"></td></tr>
</table>

任务评价卡——学生自评

评价内容	评分标准	得分
实验防护（10分）	统一穿白大褂，佩戴手套	
预习报告（10分）	根据任务提前预习并完成预习报告	
仪器及试剂准备（10分）	实验仪器及试剂领用符合实验需求	
团队合作（10分）	分工明确，认真细致，具有团队协作精神	
实验过程和结果（40分）	思路清晰，操作熟练，结果准确	
绿色环保（10分）	试剂无浪费，废液有序回收	
7S管理（10分）	仪器清洗归位，实验台面清理干净	
总得分		

任务评价卡——小组自评

评价内容	评分标准	得分
任务分工（20分）	任务分工明确，安排合理	
合作效率（20分）	按时完成任务	
团队协作意识（20分）	集思广益，全员参与	
实验方法分享（20分）	逻辑清晰，表达流畅，重点突出	
实验过程和结果（20分）	思路清晰，操作熟练，结果准确	
总得分		

任务评价卡——教师评价

项目	考核内容	配分	操作要求	考核记录	扣分说明	扣分	得分
样品称量（20 分）	液体称量操作	12	检查天平水平； 清扫天平； 滴样动作正确		错一项扣 4 分		
	称量范围	8	称量范围不超出 ±5% ～ ±10%		超出扣 8 分		
滴定操作（20 分）	洗涤、试漏、润洗	6	洗涤干净； 正确试漏； 正确润洗		错一项扣 2 分		
	滴定操作	14	滴定速度适当（2 分）； 终点控制熟练（1 分 ×3 次）； 读数正确（1 分 ×3 次）； 滴定终点判断正确（2 分 ×3 次）		根据指定分值扣分		
文明操作（5 分）	物品摆放 仪器洗涤 “三废”处理	5	仪器摆放整齐； 废纸 / 废液不乱扔； 实验台擦拭干净； 药品放回指定位置； 结束后清洗仪器		错一项扣 1 分		
数据记录（10 分）	记录、计算、有效数字保留	10	及时记录不缺项； 计算过程正确； 有效数字修约正确； 结果准确； 书写规范，有数字、有单位		错一项扣 2 分		
标定结果（30 分）	精密度	15	相对极差≤ 0.50%		扣 0 分		
			0.50%< 相对极差 ≤ 1.00%		扣 10 分		
			相对极差 >1.00%		扣 15 分		
	准确度	15	相对误差≤ 0.50%		扣 0 分		
			0.50%< 相对误差 ≤ 1.00%		扣 10 分		
			相对误差 >1.00%		扣 15 分		
质控标准（15 分）	稀释溶液	15	稀释倍数准确		扣 5 分		
	质控范围		质控进范围		扣 10 分		

自我分析与总结

<table>
<tr><td>存在的主要问题：</td><td>收获与总结：</td></tr>
<tr><td colspan="2">今后改进、提高的方法：</td></tr>
</table>

巩固与练习

6-1 何为电极电势？何为标准电极电位？

6-2 氧化还原滴定法中选择指示剂的原则与酸碱滴定法有何异同？如何确定氧化还原指示剂的变色范围？

6-3 在配制 $Na_2S_2O_2$ 溶液时应该注意哪些问题？

6-4 计算在 0.5mol/L HCl 介质中，当 Cr(Ⅵ) 的 c=0.20mol/L，Cr(Ⅲ) 的 c=0.010mol/L 时 $Cr_2O_7^{2-}/Cr^{3+}$ 电对的电极电位。

6-5 试根据 Cu^{2+}/Cu^{+} 的标准电极电位 $E^{\ominus}_{Cu^{2+}/Cu^{+}}$ 和 CuI 的 K_{sp} 计算标准电极电位 $E^{\ominus}_{Cu^{2+}/Cu^{+}}$ 和［I^-］=0.10mol/L 时的条件电位 $E^{\ominus'}_{Cu^{2+}/Cu^{+}}$。若在此条件下 Cu（Ⅱ）的 c=0.010mol/L，体系的电极电位为多少？

6-6 已知 $E^{\ominus}_{Pb^{2+}/Pb}$=−0.13，PbI_2 的 pK_{sp}=8.19，求半反应 PbI_2（s）+$2e^-$══Pb+$2I^-$ 的标准电极电位 $E^{\ominus}_{PbI_2/Pb}$ 和在［I^-］=0.10mol/L 条件下的条件电位 $E^{\ominus'}_{PbI_2/Pb}$。

6-7 已知在 1mol/L HCl 介质中，Fe（Ⅲ）/Fe（Ⅱ）电对的 $E^{\ominus'}$=0.70V，Sn（Ⅳ）/Sn（Ⅱ）电对的 $E^{\ominus'}$=0.14V，求在此条件下反应 $2Fe^{3+}+Sn^{2+}$══$Sn^{4+}+2Fe^{2+}$ 的条件平衡常数。

6-8 在 1mol/L H_2SO_4 介质中，将等体积的 0.60mol/L Fe^{2+} 溶液与 0.20 mol/LCe^{4+} 溶液相混合，反应达到平衡后，Ce^{4+} 的浓度为多少？

6-9 在 1mol/L $HClO_4$ 介质中，用 0.0200mol/L $KMnO_4$ 滴定 0.100mol/LFe^{2+}，试计算滴定分数 α 分别为 0.50、1.00 和 2.00 时体系的电位。已知在此条件下，MnO^{4-}/Mn^{2+} 电对的 $E^{\ominus'}$=1.45V，Fe^{3+}/Fe^{2+} 电对的 $E^{\ominus'}$=0.73V。

6-10 准确称取 1.528g $H_2C_2O_4 \cdot 2H_2O$，溶解后于 250mL 容量瓶中定容。移取 25.00mL 于锥形瓶，用 $KMnO_4$ 溶液滴定，用去 22.84mL。求 $KMnO_4$ 的浓度。

6-11 准确称取软锰矿样品 0.2836g，加入 0.4256g 纯 $H_2C_2O_4 \cdot 2H_2O$ 及稀 H_2SO_4，并加热，使软锰矿试样完全分解并反应完全。过量的草酸用 0.02234 mol/L $KMnO_4$ 标准溶液滴定，用去 35.24mL。计算软锰矿中 MnO_2 的质量分数。

6-12 用重铬酸钾法测铁矿石样品中的全铁含量。先称取 1.825g $K_2Cr_2O_7$，溶解后于 250mL 容量瓶中定容。再称取铁矿石样品 0.5246g，经适当处理后，使铁全部溶解并转化为 Fe（Ⅱ）。用此 $K_2Cr_2O_7$ 溶液滴定，用去 30.56mL。求矿样中以 Fe 和 Fe_2O_3 表示的质量分数。

6-13 某试样 1.256g，用重量法测得 $Fe_2O_3+Al_2O_3$ 的总质量为 0.5284g。待沉淀溶解后，将 Fe^{3+} 全部还原为 Fe^{2+}，再在酸性条件下用 0.03026mol/L $K_2Cr_2O_7$ 溶液滴定，用去 26.28mL。计算试样中 FeO 和 Al_2O_3 的质量分数。

6-14 将 0.2356g 分析纯 $K_2Cr_2O_7$ 试剂溶于水，酸化后加入过量 KI，析出的 I_2 需用 36.28mL $Na_2S_2O_3$ 溶液滴定。计算 $Na_2S_2O_3$ 溶液的浓度。

6-15 称取某含铬铁矿 0.5000g，溶解后将铬氧化至 $Cr_2O_7^{2-}$，加入 0.2631mol/L 的 Fe^{2+} 溶液 50.00mL，以 0.04862mol/L 的 $K_2Cr_2O_7$ 溶液滴定过量的 Fe^{2+}，需要 16.35mL 到达终点。计算该铁矿中 Cr 的质量分数。

6-16 欲用间接碘量法测定铜矿石中的铜。若 $Na_2S_2O_3$ 标准溶液的浓度为 0.1025mol/L，欲从滴定管上直接读得 Cu 的质量分数，问应称取样品多少克？

学习任务七

沉淀滴定法

【案例引入】

小明是一名分析检验专业的大二学生，小明的爸爸是一个银匠，假期回家后，有一天爸爸进货时，进了两块银矿石。小明爸爸问小明可否通过自己所学习的知识告诉他，哪一种矿石更具有潜力，银含量更多。

讨论：请问如果你是小明，学习了这门课程能否解决这个问题呢？

【思维导学】

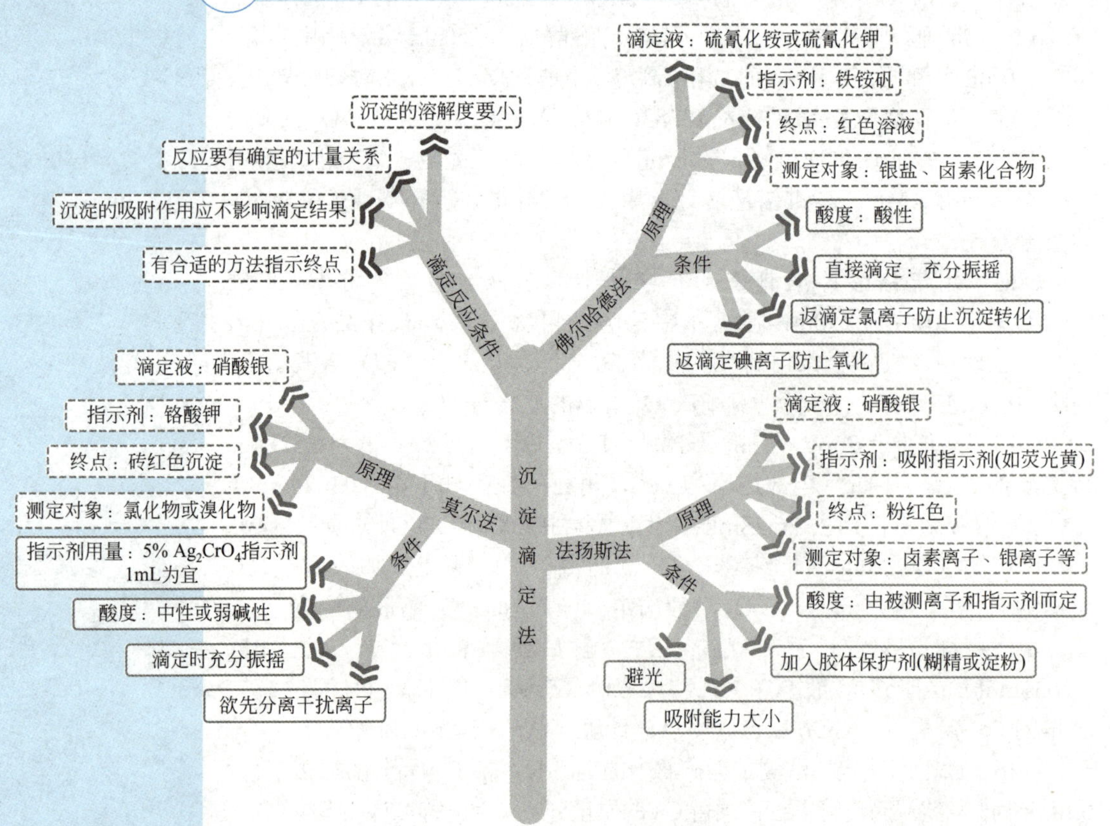

【职业综合能力】

1. 理解沉淀滴定法原理，掌握溶度积概念，学会进行简单溶度积计算的同时，明晰溶度积与溶解度的区别。

2. 掌握莫尔法、佛尔哈德法、法扬斯法测定卤素离子方法以及每个方法适用的条件、注意事项。

3. 能独立完成滴定分析，通过滴定分析结合实际生活，学会解决问题的同时针对实验结果能够进行误差分析。

任务准备

沉淀滴定法概述

学习单元一　概述

沉淀滴定法是以沉淀反应为基础的一种滴定分析方法。沉淀反应很多，但能用于滴定分析的并不多，这是由沉淀滴定分析的条件决定的，它必须满足以下几点要求：

① 沉淀反应速率要快，且有确定的化学计量关系；

② 生成的沉淀溶解度要小；

③ 有适当的方法指示化学计量点；

④ 沉淀的吸附现象不妨碍滴定终点的确定。

沉淀是难溶性物质从溶液中析出的过程，物质的沉淀和溶解是一个平衡过程，通常用溶度积常数 K_{sp} 来判断难溶盐是沉淀还是溶解。溶度积常数指在一定温度下，在难溶电解质的饱和溶液中，组成沉淀的各离子浓度幂的乘积。例如：$A_mB_n(s) \rightleftharpoons mA^{n+}(aq)+nB^{m-}(aq)$

$$K_{sp}=[A^{n+}]^m[B^{m-}]^n$$

注：① K_{sp} 的大小主要取决于难溶电解质的本性，也与温度有关，而与离子浓度改变无关。

②在一定温度下，K_{sp} 的大小可以反映物质的溶解能力和生成沉淀的难易。

学习单元二　沉淀的溶解平衡

溶度积与溶解度的关系：溶度积 K_{sp} 和溶解度 S 都能表示物质的溶解能力。溶度积 K_{sp} 是一定温度下饱和溶液中离子浓度幂的乘积，而溶解度 S 是一定温度下饱和溶液的浓度，它们之间可以相互换算。

如对 AB 型：$S=[A^+]=[B^-]$。二者的换算关系为：

$$S=\sqrt{K_{sp}}$$

对一般的 A_mB_n 型：

$$K_{sp}=m^mn^nS^{m+n}\qquad S=\frac{[A^{n+}]}{m}=\frac{[B^{m+}]}{n}$$

$$S=\sqrt[m+n]{\frac{K_{sp}}{m^m n^n}}$$

【例 7-1】已知 25℃时 AgCl 的溶度积 $K_{sp}=1.8\times10^{-10}$，求此时 AgCl 的溶解度。

解：设 AgCl 的溶解度为 S，则达到平衡时，$S=[Ag^+]=[Cl^-]$

代入式得：$S=\sqrt{K_{sp}}=\sqrt{1.8\times10^{-10}}\approx1.3\times10^{-5}$（mol/L）

【例 7-2】已知 25℃时 Ag_2CrO_4 的溶度积 $K_{sp}=2.0\times10^{-12}$，求此时 Ag_2CrO_4 的溶解度。

解：在此溶液中存在着如下平衡：

$$Ag_2CrO_4 \rightleftharpoons 2Ag^+ + CrO_4^{2-}$$

设：Ag_2CrO_4 的溶解度为 S，则达到平衡时 $[Ag^+]=2S$、$[CrO_4^{2-}]=S$

代入式得：

$$S=\sqrt[3]{K_{sp}/4}=\sqrt{\frac{2.0\times10^{-12}}{4}}\approx7.9\times10^{-5}\text{（mol/L）}$$

由以上关系可知，对于相同类型的难溶电解质，如 AgCl、AgBr、$BaSO_4$ 等（AB 型），相同温度下的 K_{sp} 越大，其溶解度越大；K_{sp} 越小，其溶解度越小。对于不同类型的难溶电解质，就不能简单地进行比较，必须通过计算才能比较其溶解度的大小，这是因为溶解度大的溶度积不一定大。例如，25℃时，AgCl、Ag_2CrO_4 的溶度积分别为 1.8×10^{-10}、2.0×10^{-12}，而它们的溶解度分别为 1.3×10^{-5}mol/L、7.9×10^{-5}mol/L，显然 Ag_2CrO_4 的溶度积虽然比 AgCl 的小，但它的溶解度比 AgCl 大。

溶度积规则：在难溶电解质溶液中，存在能生成难溶化合物的离子时，相应离子浓度幂的乘积为离子积，用符号 Q_c 表示。例如，在 $BaSO_4$ 溶液中，$Q_c=c_{Ba^{2+}}c_{SO_4^{2-}}$。

在 Q_c 表达式中，离子浓度为任意情况下的浓度，所以 Q_c 的值是可变的。而 K_{sp} 中的离子浓度为沉淀溶解平衡时的浓度，因此在某一浓度下，K_{sp} 是一个定值。

在任何给定溶液中，当 $Q_c > K_{sp}$ 时，溶液为过饱和溶液，生成沉淀；当 $Q_c=K_{sp}$ 时，是饱和溶液，达到溶解平衡；当 $Q_c < K_{sp}$ 时，是不饱和溶液，无沉淀析出或沉淀溶解。上述规则为溶度积规则，是滴定分析中判断沉淀生成、溶解、转化的重要依据。

匠心铸魂

神奇的平衡

沉淀、溶解两个相互矛盾的过程是一对可逆反应，存在平衡状态，此平衡称为沉淀溶解平衡。其实，平衡无处不在，大到人与自然的平衡，小到人体内微生物群平衡，无不影响着我们生活。6 月 5 日是世界环境日，2022 年的主题是“共建清洁美丽世界”。《2021 中国生态环境状况公报》显示，2021 年，生态环境质量持续改善、稳中向好。继续保持人与自然有机平衡，人与自然和谐共生是我们每个人的责任。我们要从小事做起，从点滴做起，把节约资源放在首位，共创“绿色明天”。

溶洞奇观的形成

当我们走进溶洞，看到千奇百怪、形态各异的洞内景象时，不禁会在赞叹之余，对这些神奇的景观感到不解。其实，溶洞的形成是石灰岩地区地下水长期溶蚀的结果，石灰岩里不溶性的碳酸钙受水和二氧化碳的作用，能转化为微溶性的碳酸氢钙。由于石灰岩层各部分含石灰质多少不同，被侵蚀的程度不同，就逐渐被溶解分割成互不相依、千姿百态、陡峭秀丽的山峰和奇特的溶洞。溶有碳酸氢钙的水，当从溶洞顶滴到溶洞底时，由于水分蒸发或压强减小，以及温度的变化，使二氧化碳溶解度减小而析出碳酸钙沉淀。这些沉淀经过千百万年的积聚，渐渐形成了钟乳石、石笋等。洞顶的钟乳石与地面的石笋连接起来，就会形成奇特的石柱。

在自然界，溶有二氧化碳的雨水会使石灰石构成的岩层部分溶解，使碳酸钙转变成可溶性的碳酸氢钙，当受热或压强突然减小时，溶解的碳酸氢钙会分解重新变成碳酸钙沉淀。

大自然经过长期和多次的重复上述反应，从而形成了各种奇特壮观的溶洞。

学习单元三　莫尔法

莫尔法

一、测定原理

莫尔（Mohr）法于1856年由莫尔创立，是沉淀滴定法中常用的银量法的一种。莫尔（Mohr）法是用K_2CrO_4为指示剂，在中性或弱碱性溶液中，用$AgNO_3$标准溶液直接测定卤素混合物含量的方法。根据分步沉淀的原理，首先是生成AgCl沉淀，随着硝酸银标准溶液不断加入，溶液中氯离子越来越少，银离子浓度则相应地增大，砖红色铬酸银沉淀的出现指示滴定终点。

$$Ag^++Cl^- \longrightarrow AgCl\downarrow（白色）$$

$$2Ag^++CrO_4^{2-} \longrightarrow Ag_2CrO_4\downarrow（砖红色）$$

依据分步沉淀原理：在用$AgNO_3$标准滴定溶液滴定时，溶解度较小的AgCl首先析出。当滴定剂Ag^+与Cl^-达到化学计量点时，微过量的Ag^+与CrO_4^{2-}反应，析出砖红色的Ag_2CrO_4沉淀，指示滴定终点的到达。

二、滴定条件

用$AgNO_3$标准溶液测定Cl^-，化学计量点时［Ag^+］为

$$[Ag^+]=[Cl^-]=\sqrt{K^{\ominus}_{sp(AgCl)}}=\sqrt{1.8\times10^{-10}}=1.34\times10^{-5}$$

若此时，恰有 Ag_2CrO_4 沉淀，则：

$$[CrO_4^{2-}]=\frac{K^{\ominus}_{sp(Ag_2CrO_4)}}{[Ag^+]^2}=\frac{1.1\times10^{-12}}{(1.34\times10^{-5})^2}=6.1\times10^{-3}$$

在滴定时，由于 K_2CrO_4 显黄色，当其浓度较高时，不易判断砖红色的出现。为清楚观察终点，指示剂浓度应比理论计算浓度略低些。实验证明，滴定溶液中 5×10^{-3}mol/L K_2CrO_4 是确定滴定终点的适宜浓度，滴定误差小于 0.1%。

在溶液中，CrO_4^{2-} 有如下平衡：

$$2CrO_4^{2-}+2H^+ \rightleftharpoons 2HCrO_4^- \rightleftharpoons Cr_2O_7^{2-}(\text{橙红色})+H_2O$$

在 $pH<6.5$ 的酸性溶液中，由于平衡向右移动，CrO_4^{2-} 浓度降低，致使 Ag_2CrO_4 沉淀出现过迟，甚至不产生沉淀；而 $pH>10.5$ 的碱性溶液中，则会有褐色 Ag_2O 沉淀析出：

$$Ag^++2OH^- \longrightarrow Ag_2O(\text{褐色})+H_2O$$

因此，莫尔法只能在中性或弱碱性（pH=6.5 ~ 10.5）溶液中使用。溶液酸性过强，可用 $Na_2B_2O_7\cdot10H_2O$ 或 $NaHCO_3$ 中和；溶液碱性过强，可用稀 HNO_3 中和；而在有 NH_4^+ 存在时，滴定范围应控制在 pH=6.5 ~ 7.2。

三、注意事项

① 莫尔法适用于直接测定 Cl^- 或 Br^-，当两者共存时，则测定的是两者的总量。

② 为防止 Ag_2CrO_4 沉淀溶解度增大，同时降低指示剂的灵敏度，莫尔法要求滴定在室温下进行。

③ 滴定过程中，生成的 AgCl 沉淀易吸附溶液中尚未反应的 Cl^-，造成终点提前，从而产生误差。因此滴定时必须剧烈摇动锥形瓶，使被吸附的 Cl^- 释放出来。

④ 如果试样中含有能与 Ag^+ 和 CrO_4^{2-} 生成沉淀或配合物的离子或含有在中性或弱碱性溶液中易水解的离子，可采用掩蔽和分离的方法处理后再进行滴定。

⑤ 莫尔法不易测定 I^- 和 SCN^-，因为滴定生成的 AgI 和 AgSCN 沉淀表面会强烈吸附 I^- 和 SCN^-，使滴定终点过早出现，造成较大的滴定误差。

⑥ 莫尔法不适于直接测定 Ag^+，因为 K_2CrO_4 沉淀变为 AgCl 沉淀的速率很慢，使滴定无法进行。但若先往溶液中准确加入过量的 NaCl 标准滴定溶液，然后再用 AgCl 标准滴定溶液反滴定剩余的 Cl^-，则可以测定 Ag^+。

⑦ 莫尔法的选择性差，原因是在中性或弱碱性溶液条件下，许多离子也能与 Ag^+ 或 CrO_4^{2-} 生成沉淀。

学习单元四　佛尔哈德法

一、测定原理

佛尔哈德法由佛尔哈德于1898年创立。佛尔哈德法是在酸性介质中，以铁铵矾［$NH_4Fe(SO_4)_2 \cdot 12H_2O$］作指示剂确定终点的一种银量法。根据滴定方式的不同，佛尔哈德法分为直接滴定法和返滴定法两种。

佛尔哈德法

二、测定方法

1. 直接滴定法

在含有Ag^+的HNO_3介质中，以铁铵矾作指示剂，用NH_4SCN标准溶液直接滴定，待硫氰酸银（AgSCN）沉淀完全，稍过量的SCN^-与Fe^{3+}反应生成红色络离子，指示已到达滴定终点。

$$Ag^+ + SCN^- \longrightarrow AgSCN\downarrow\text{（白色）}$$

$$Fe^{3+} + SCN^- \longrightarrow [Fe(SCN)]^{2+}\text{（红色）}$$

由于指示剂中的Fe^{3+}在中性或碱性溶液中将形成［$Fe(OH)$］$^{2+}$、［$Fe(OH)_2$］$^+$等深色配合物，碱度再大还会产生$Fe(OH)_3$沉淀，因此滴定应在酸性（0.3～1mol/L HNO_3）溶液中进行。

用NH_4SCN溶液滴定Ag^+溶液时，生成的AgSCN沉淀能吸附溶液中的Ag^+，使Ag^+浓度降低，致使红色略早于化学计量点。因此在滴定过程中需剧烈摇动，使被吸附的Ag^+释放出来。

2. 返滴定法测定卤素离子

佛尔哈德法测定Cl^-、Br^-、I^-和SCN^-等离子时可采用返滴定法。即在酸性（HNO_3介质）待测液中，先加入过量的$AgNO_3$标准滴定溶液，再用铁铵矾作指示剂，用NH_4SCN标准滴定溶液回滴剩余的Ag^+（HNO_3介质）。

$$Ag^+\text{（过量）} + Cl^- \longrightarrow AgCl\downarrow\text{（白色）}$$

$$Ag^+ + SCN^- \longrightarrow AgSCN\downarrow\text{（白色）}$$

终点指示反应

$$Fe^{3+} + SCN^- \longrightarrow [Fe(SCN)]^{2+}\text{（红色）}$$

用佛尔哈德法测定Cl^-，滴定到临近终点时，经摇动后形成的红色会褪去。这是因为AgSCN的溶解度小于AgCl的溶解度，加入的NH_4SCN与AgCl发生沉淀转化反应

$$AgCl + SCN^- \longrightarrow AgSCN\downarrow + Cl^-$$

这种转化作用将继续进行到Cl^-与SCN^-浓度之间建立一定的平衡关系，才会出现持久的红色，无疑滴定多消耗了NH_4SCN标准滴定溶液。

三、注意事项

① 试液中加入过量的$AgNO_3$标准滴定溶液之后，将溶液煮沸，使

AgCl 沉淀凝聚，以减少其对 Ag^+ 的吸附。滤去沉淀，并用稀 HNO_3 充分洗涤沉淀，然后用 NH_4SCN 标准滴定溶液回滴滤液中的过量 Ag^+。

② 在滴入 NH_4SCN 标准滴定溶液之前，加入有机溶剂硝基苯（有毒）、邻苯二甲酸丁酯或 1,2- 二氯乙烷。用力摇动后，有机溶剂将包住 AgCl 沉淀，使其与外部溶液隔离，阻止沉淀转化反应进行。

③ 提高 Fe^{3+} 的浓度，以减小终点时 SCN^- 的浓度，从而减小上述误差。

用佛尔哈德法测定 Br^-、I^- 和 SCN^- 时，滴定终点十分明显，不会发生沉淀转化，因此不必采取上述措施。但测定碘化物时，必须加入过量 $AgNO_3$ 溶液，之后再加入铁铵矾指示剂，以免 I^- 还原 Fe^{3+} 而造成误差。强氧化剂和氮的氧化物以及铜盐、汞盐都能与 SCN^- 作用，干扰测定，必须预先除去。

学习单元五　法扬斯法

法扬斯法

一、测定原理

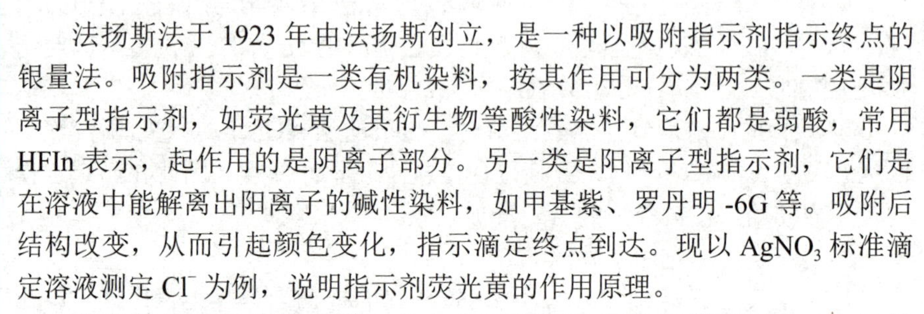

法扬斯法于 1923 年由法扬斯创立，是一种以吸附指示剂指示终点的银量法。吸附指示剂是一类有机染料，按其作用可分为两类。一类是阴离子型指示剂，如荧光黄及其衍生物等酸性染料，它们都是弱酸，常用 HFIn 表示，起作用的是阴离子部分。另一类是阳离子型指示剂，它们是在溶液中能解离出阳离子的碱性染料，如甲基紫、罗丹明 -6G 等。吸附后结构改变，从而引起颜色变化，指示滴定终点到达。现以 $AgNO_3$ 标准滴定溶液测定 Cl^- 为例，说明指示剂荧光黄的作用原理。

荧光黄是一种有机弱酸，在水中可解离为荧光黄阴离子 FIn^-，呈黄绿色

$$HFIn \rightleftharpoons FIn^- + H^+$$

在化学计量点前，生成的 AgCl 沉淀吸附 Cl^- 而带负电荷，因而不能吸附指示剂阴离子 FIn^-，溶液呈黄绿色。达到化学计量点时，微过量的 $AgNO_3$ 可使 AgCl 沉淀吸附 Ag^+，而带正电荷，因此可吸附荧光黄阴离子 FIn^-，结构发生变化，呈现粉红色，指示终点到达。

$$(AgCl) \cdot Ag^+ + FIn^- \longrightarrow (AgCl) \cdot AgFIn$$

不同指示剂被沉淀吸附的能力不同，因此，滴定时应选用沉淀对指示剂的吸附力略小于对被测离子吸附力的指示剂，否则终点提前。但沉淀对指示剂的吸附力也不能太小，否则终点推迟且变色不敏锐。

二、测定条件

① 保持沉淀呈胶体状态。由于吸附指示剂颜色变化发生在沉淀微粒表面上，因此应尽可能使卤化银沉淀呈胶体状态，在滴定前应加入糊精或淀粉等高分子化合物以保护胶体，以使卤化银呈胶体状态，具有较大的表

面积，增强吸附作用。

② 控制溶液酸度。常用的吸附指示剂大多是有机弱酸，起指示剂作用的是其阴离子。酸度大时，H^+ 与指示剂阴离子结合成不被吸附的指示剂分子，无法指示终点。酸度大小与指示剂的解离常数有关，解离常数大，酸度可以大一些。

③ 避免强光照射。卤化银沉淀对光敏感，易分解析出银，使沉淀变为灰黑色，影响滴定终点的观察，因此在滴定过程中应避免强光照射。

④ 吸附指示剂的选择。沉淀胶体微粒对指示剂离子的吸附能力应略小于对待测离子的吸附能力，否则指示剂将在化学计量点变色。

⑤ 溶液的浓度不能过低，否则产生沉淀过少，观察终点比较困难。

岗位小帮手

指示剂	被测离子	滴定剂	适用 pH 值范围	配制方法
铬酸钾	Cl^-、Br^-	Ag^+	6.5 ~ 10.5	取铬酸钾 10g，加水 100mL 溶解
铁铵矾	Cl^-、Br^-、SCN^-	Ag^+	酸性溶液	2g 硫酸高铁铵试剂，溶解于 100mL 水中，滴加刚煮沸过的浓硝酸，直至棕色褪去

匠心铸魂

工匠精神需要长期沉淀

弘扬工匠精神是振兴现代制造业、引领经济发展新常态、实现中华民族伟大复兴的必然要求。在我国古代传统社会体系里，匠人是独特群体，师徒相承袭，代有才人出，创造出了不可胜数精美绝伦的器物，承载着中华文明。近年来，我国就业观念发生深刻变化，越来越多的人崇尚技能。在当今的德国，一个普通公务员的收入可能比不上管道工，高级技工的待遇可能会超过大学教授。

现如今，随着科学技术的飞速发展，各个行业的产业迭代升级速度也不断加快，但社会的就业压力也不容小觑。相关数据表示，2020 年，我国重点领域的技能型人才缺口超过 1900 万人，2021 年达到 2100 万人，预计在 2025 年这个缺口将接近 3000 万人。职业技术人才稀缺，高素质的职业技术人才更是亟待培养。

在技能型人才紧缺的今天，作为高职院校学生，只有牢记使命，牢固树立专业思想，刻苦学习专业知识，并积极投身到社会主义建设的洪流之中，争当行业精英，争创行业佳绩，才能发挥自身作用，体现自身价值。工匠精神需要沉淀积累，需要脚踏实地，需要牢记使命，需要不断创新，砥砺前行！

趣味驿站

龋齿与沉淀溶解平衡的关系

龋齿是医学术语，是指牙齿腐烂或蛀牙。龋齿已被世界卫生组织列为全世界重点防治的三大疾病之一。牙齿表面有一层牙釉质保护着，釉质的主要成分是羟基磷灰石 [$Ca_5(PO_4)_3OH$]，它是一种很坚硬的难溶化合物，其溶度积为 6.8×10^{-37}。

$$[Ca_5(PO_4)_3OH](s) \rightleftharpoons 5Ca^{2+}(aq) + 3PO_4^{3-}(aq) + OH^-(aq)$$

口腔内通常存在着许多不同类型的细菌，进餐时细菌分解食物产生了有机酸，在酸的长年累月作用下，可使其缓慢地溶解：

$$Ca_5(PO_4)_3OH(s) + 7H^+(aq) \longrightarrow 5Ca^{2+}(aq) + 3H_2PO_4^-(aq) + H_2O(1)$$

一旦部分釉质遭到破坏，龋齿就形成了。

$$Ca_5(PO_4)_3OH(s) + F^-(aq) \longrightarrow Ca_5(PO_4)F(s) + OH^-(aq)$$

$$K_{sp}=1\times10^{-60}$$

任务实施

任务一　$AgNO_3$ 标准溶液的配制及标定

$AgNO_3$ 标准溶液的配制及标定

【任务描述】

小倩是一家盐湖集团分析检验部门的工作人员。今天她接到任务要求标定 $AgNO_3$ 溶液浓度，测定新生产的食用 NaCl 纯度。因为公司规定每一项任务由一组两个人同时完成，所以小倩只需配制 0.1000mol/L $AgNO_3$ 溶液，并准确标定计算出 $AgNO_3$ 溶液浓度。

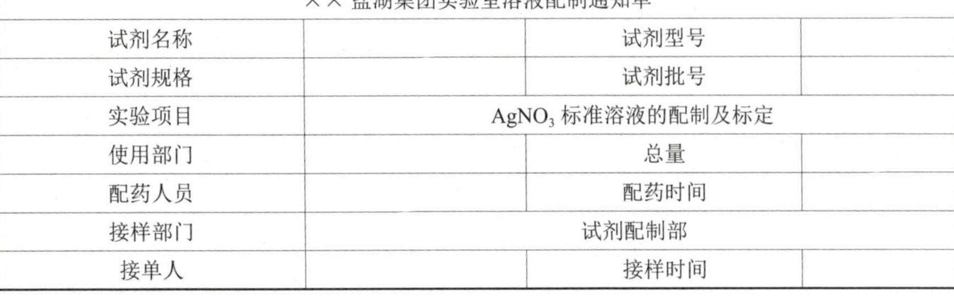

×× 盐湖集团实验室溶液配制通知单			
试剂名称		试剂型号	
试剂规格		试剂批号	
实验项目	$AgNO_3$ 标准溶液的配制及标定		
使用部门		总量	
配药人员		配药时间	
接样部门	试剂配制部		
接单人		接样时间	

【任务分析】

在配制 $AgNO_3$ 溶液之前，首先要掌握 $AgNO_3$ 的性质，掌握溶液的间接配制法，注意配制溶液时的细节问题，并学会选择合适的基准试剂，从而准确标定出 $AgNO_3$ 溶液的浓度。

【任务目标】

1. 养成“整理、整顿、清洁、清扫、素养、安全、节约”7S 的习惯；
2. 掌握 $AgNO_3$ 溶液的间接配制法及标定步骤。

【任务具体内容】

实验设计

0.1000mol/L $AgNO_3$ 标准溶液的配制及标定

仪器领用归还卡

类别	名称	规格	单位	数量	归还数量	归还情况
试剂						
仪器						
其他						

注：请爱护公共器材！在领用过程中如有破损或遗失，须按实验室制度予以赔偿！

领用时间：______年______月______日______时______分　　领用人：

归还时间：______年______月______日______时______分　　归还人：

经办人：

实验数据记录单

××盐湖集团实验数据记录单	
实验项目	$AgNO_3$ 标准溶液的配制及标定
实验时间	______年______月______日______时______分
实验人员	
实验依据	
实验条件	温度：　　湿度：

物理量	样品				质控	
	1	2	3	空白	1	2
$M_{前}$/g						
$M_{后}$/g						
M/g						
$V_{始}$/mL						
$V_{终}$/mL						
$V_{消耗}$/mL						
c/（mol/L）						
$\bar{c}$/（mol/L）						

检验人签名		复核人签名	
检验日期		复核日期	

任务评价卡——学生自评

评价内容	评分标准	得分
实验防护（10 分）	统一穿白大褂，佩戴手套	
预习报告（10 分）	根据任务提前预习并完成预习报告	
仪器及试剂准备（10 分）	实验仪器及试剂领用符合实验需求	
团队合作（10 分）	分工明确，认真细致，具有团队协作精神	
实验过程和结果（40 分）	思路清晰，操作熟练，结果准确	
绿色环保（10 分）	试剂无浪费，废液有序回收	
7S 管理（10 分）	仪器清洗归位，实验台面清理干净	
总得分		

任务评价卡——小组自评

评价内容	评分标准	得分
任务分工（20 分）	任务分工明确，安排合理	
合作效率（20 分）	按时完成任务	
团队协作意识（20 分）	集思广益，全员参与	
实验方法分享（20 分）	逻辑清晰，表达流畅，重点突出	
实验过程和结果（20 分）	思路清晰，操作熟练，结果准确	
总得分		

任务评价卡——教师评价

项目	考核内容	配分	操作要求	考核记录	扣分说明	扣分	得分
基准物的称量（10分）	称量操作	6	检查天平水平； 清扫天平； 敲样动作正确		错一项扣2分		
	基准物试样称量范围	4	称量范围不超出 ±5%～±10%		超出扣4分		
试液配制（10分）	洗涤、试漏	2	洗涤干净、正确试漏		错一项扣1分		
	定量转移	2	转移动作规范		不规范扣2分		
	定容	6	2/3处水平摇动； 准确稀释至刻线； 摇匀动作正确		错一项扣2分		
移取溶液（10分）	洗涤、润洗	2	洗涤干净； 润洗方法正确		错一项扣1分		
	吸溶液	2	不吸空； 不重吸		错一项扣1分		
	调刻线	3	调刻线前擦干外壁； 调节液面刻度线准确； 调节液面操作熟练		错一项扣1分		
	放溶液	3	移液管竖直； 移液管尖靠壁； 放液后停留15s		错一项扣1分		
滴定操作（20分）	洗涤、试漏、润洗	6	洗涤干净； 正确试漏； 正确润洗		错一项扣2分		
	滴定操作	14	滴定速度适当（2分）； 终点控制熟练（1分×3次）； 读数正确（1分×3次）； 滴定终点判断正确（2分×3次）		根据指定分值扣分		
文明操作（5分）	物品摆放、仪器洗涤、“三废”处理	5	仪器摆放整齐； 废纸/废液不乱扔； 实验台擦拭干净； 药品放回指定位置； 结束后清洗仪器		错一项扣1分		
数据记录（10分）	记录、计算、有效数字保留	10	及时记录不缺项； 计算过程正确； 有效数字修约正确； 结果准确； 书写规范，有数字、有单位		错一项扣2分		
标定结果（20分）	精密度	10	相对极差≤0.50%		扣0分		
			0.50%< 相对极差≤1.00%		扣5分		
			相对极差>1.00%		扣10分		
	准确度	10	相对误差≤0.50%		扣0分		
			0.50%< 相对误差≤1.00%		扣5分		
			相对误差>1.00%		扣10分		
质控标准（15分）	稀释溶液	15	稀释倍数不准确		扣5分		
	质控范围		质控未进范围		扣10分		

任务二　氯化物中氯含量的测定

【任务描述】

不同水体对氯离子含量要求均不同。比如人体饮用水，中国家标准规定出厂水余氯含量≥ 0.3mg/L，供水公司一般控制在 0.3 ～ 0.5mg/L 之间。现有一批蒸发浓缩好的水样急需进行测定，供水公司要求采用化学分析法完成该实验。

氯化物中氯离子含量的测定

【任务分析】

含有少量氯化物饮用水通常是无毒性的，当饮用水中的氯化物含量超过 250mg/L 时，人对水的咸味开始有感觉，饮用水中氯化物含量为 250 ～ 500mg/L 时，对人体正常生理活动没有影响，大于 500mg/L 时，对胃液分泌、水代谢有影响。

测试中常用标定好的 $AgNO_3$ 标准溶液来测定其含量。某些可溶性氯化物中氯的含量可用银量法测定。银量法按指示剂不同可分为莫尔法、佛尔哈德法和法扬斯法。常用银量法中的莫尔法测定氯化物中氯的含量。以 K_2CrO_4 为指示剂，用 $AgNO_3$ 标准溶液在 pH 值为 6.5 ～ 10.5 的条件下滴定粗盐样品。通过计算得氯离子含量。

【任务目标】

1. 养成“整理、整顿、清洁、清扫、素养、安全、节约”7S 的习惯；
2. 掌握利用莫尔法确定氯化物中氯离子含量的测定方法；
3. 掌握溶液配制及数据处理的岗位技能。

【任务具体内容】

实验设计

氯化物中氯离子含量的测定——莫尔法

采样清单

××实验室采样单			
采样名称		试剂性状	
采样规格		试剂批号	
采样部门		总量	
采样人员		采样时间	
接样部门			
接单人		接样时间	

仪器领用归还卡

类别	名称	规格	单位	数量	归还数量	归还情况
试剂						
指示剂						
仪器						
其他						

注：请爱护公共器材！在领用过程中如有破损或遗失，须按实验室制度予以赔偿！

领用时间：______年______月______日______时______分　　领用人：

归还时间：______年______月______日______时______分　　归还人：

经办人：

实验数据记录单

×× 实验室数据记录单	
实验项目	氯化物中氯离子含量的测定——莫尔法含量的测定
实验时间	______年______月______日______时______分
实验人员	
实验依据	
实验条件	温度：　　　　湿度：

物理量	样品				质控	
	1	2	3	空白	1	2
$M_{前}$/g						
$M_{后}$/g						
M/g						
$V_{始}$/mL						
$V_{终}$/mL						
$V_{消耗}$/mL						
c_{AgNO_3}/（mol/L）						
ρ_{Cl^-}/（mol/L）						
$\bar{\rho}_{Cl^-}$/（mol/L）						

检验人签名		复核人签名	
检验日期		复核日期	

任务评价卡——学生自评

评价内容	评分标准	得分
实验防护（10 分）	统一穿白大褂，佩戴手套	
预习报告（10 分）	根据任务提前预习并完成预习报告	
仪器及试剂准备（10 分）	实验仪器及试剂领用符合实验需求	
团队合作（10 分）	分工明确，认真细致，具有团队协作精神	
实验过程和结果（40 分）	思路清晰，操作熟练，结果准确	
绿色环保（10 分）	试剂无浪费，废液有序回收	
7S 管理（10 分）	仪器清洗归位，实验台面清理干净	
总得分		

任务评价卡——小组自评

评价内容	评分标准	得分
任务分工（20 分）	任务分工明确，安排合理	
合作效率（20 分）	按时完成任务	
团队协作意识（20 分）	集思广益，全员参与	
实验方法分享（20 分）	逻辑清晰，表达流畅，重点突出	
实验过程和结果（20 分）	思路清晰，操作熟练，结果准确	
总得分		

任务评价卡——教师评价

项目	考核内容	配分	操作要求	考核记录	扣分说明	扣分	得分
基准物的称量（10 分）	称量操作	6	检查天平水平； 清扫天平； 敲样动作正确		错一项扣 2 分		
	基准物试样称量范围	4	称量范围不超出 ±5% ～ ±10%		超出扣 4 分		
试液配制（10 分）	洗涤、试漏	2	洗涤干净、正确试漏		错一项扣 1 分		
	定量转移	2	转移动作规范		不规范扣 2 分		
	定容	6	2/3 处水平摇动； 准确稀释至刻线； 摇匀动作正确		错一项扣 2 分		
移取溶液（10 分）	洗涤、润洗	2	洗涤干净； 润洗方法正确		错一项扣 1 分		
	吸溶液	2	不吸空； 不重吸		错一项扣 1 分		
	调刻线	3	调刻线前擦干外壁； 调节液面刻度线准确； 调节液面操作熟练		错一项扣 1 分		
	放溶液	3	移液管竖直； 移液管尖靠壁； 放液后停留 15s		错一项扣 1 分		
滴定操作（20 分）	洗涤、试漏、润洗	6	洗涤干净； 正确试漏； 正确润洗		错一项扣 2 分		
	滴定操作	14	滴定速度适当（2 分）； 终点控制熟练（1 分 ×3 次）； 读数正确（1 分 ×3 次）； 滴定终点判断正确（2 分 ×3 次）		根据指定分值扣分		
文明操作（5 分）	物品摆放、仪器洗涤、“三废”处理	5	仪器摆放整齐； 废纸 / 废液不乱扔； 实验台擦拭干净； 药品放回指定位置； 结束后清洗仪器		错一项扣 1 分		
数据记录（10 分）	记录、计算、有效数字保留	10	及时记录不缺项； 计算过程正确； 有效数字修约正确； 结果准确； 书写规范，有数字、有单位		错一项扣 2 分		
标定结果（20 分）	精密度	10	相对极差≤ 0.50%		扣 0 分		
			0.50%< 相对极差≤ 1.00%		扣 5 分		
			相对极差 >1.00%		扣 10 分		
	准确度	10	相对误差≤ 0.50%		扣 0 分		
			0.50%< 相对误差≤ 1.00%		扣 5 分		
			相对误差 >1.00%		扣 10 分		
质控标准（15 分）	稀释溶液	15	稀释倍数不准确		扣 5 分		
	质控范围		质控未进范围		扣 10 分		

自我分析与总结

<table>
<tr><td>存在的主要问题：</td><td>收获与总结：</td></tr>
<tr><td colspan="2">今后改进、提高的方法：</td></tr>
</table>

【巩固与练习】

7-1　说明在下面的情况中，分析结果是偏高还是偏低，还是对结果的准确度没有影响？为什么？

（1）在 pH 4.0 时，以莫尔法测 Cl^-。

（2）采用佛尔哈德法测 Cl^- 或 Br^- 时未加硝基苯。

（3）用法扬斯法测 Cl^-，选曙红为指示剂。

（4）用莫尔法测定 NaCl 和 Na_2SO_4 混合溶液中的 NaCl。

7-2　解释下列名词：溶解度、溶度积、离子积。

7-3　向氯化银沉淀溶液中加入少量的 NaCl 晶体，会出现什么现象？加入大量的 NaCl 晶体，则又会出现什么现象？

7-4　称取基准物质 NaCl 0.2085g，溶解后加入 40.00mL $AgNO_3$ 标准溶液，过量的 Ag^+ 需用 10.20mL NH_4SCN 标准溶液滴定至终点。已知 20.00mL $AgNO_3$ 标准溶液与 21.20mL NH_4SCN 标准溶液刚好作用完全。求 $AgNO_3$ 和 NH_4SCN 溶液的浓度。

7-5　称取可溶性氯化物试样 0.2456g，溶解后加入 0.1234mol/L 的 $AgNO_3$ 溶液 30.00 mL。过量的 Ag^+ 用 0.1285mol/L 的 NH_4SCN 标准溶液滴定，用去 6.82mL，求试样中氯的质量分数。

7-6　称取含有 NaCl 和 NaBr 的试样 0.6235g，用重量法测定，得到二者的银盐沉淀 0.4537g。另取试样 0.6028g，用银量法测定，消耗 0.1128mol/L $AgNO_3$ 溶液 25.85mL。求试样中 NaCl 和 NaBr 的质量分数。

7-7　称取纯钾盐 KIO_x 0.5594g，经还原为碘化物后用 0.1026mol/L $AgNO_3$ 溶液滴定，用去 25.48mL。求该盐的分子式。

7-8　称取样品 0.5172g，用沉淀重量法测定其中的草酸三氢钾（$KHC_2O_4 \cdot H_2C_2O_4 \cdot 2H_2O$）的含量。用 Ca^{2+} 为沉淀剂，沉淀经处理和灼烧后形成 CaO，质量为 0.2265g。计算样品中 $KHC_2O_4 \cdot H_2C_2O_4 \cdot 2H_2O$ 的质量分数。

7-9　计算 AgCl 在 0.2mo1/L $NH_3 \cdot H_2O$-0.1mol/L NH_4Cl 缓冲溶液中的溶解度（忽略 Ag^+ 与 Cl^- 络合的影响）。

7-10　分别计算 CuS 在 pH 7.0 和 pH 4.0 的溶液中的溶解度。

学习任务八

重量分析法

【案例引入】

水质分析中有一项指标需要测定，就是水中残渣，有总残渣、总可滤残渣和总不可滤残渣。它们是表征水中溶解性物质、不溶性物质含量的指标。

总残渣是水样在一定的温度下蒸发、烘干后剩余的物质，包括总不可滤残渣和总可滤残渣。总可滤残渣是指将过滤后的水样放在称至恒重的蒸发皿内蒸干，再在一定温度下烘至恒重所增加的质量。总不可滤残渣也称为悬浮物（SS），是指水样经过滤后留在过滤器上的固体物质，于103～105℃烘至恒重得到的物质。总不可滤残渣是必测的水质指标之一。地面水中的SS使水体浑浊，透明度降低，影响水生生物呼吸和代谢；工业废水和生活污水含大量无机、有机悬浮物，易堵塞管道，污染环境。

【思维导学】

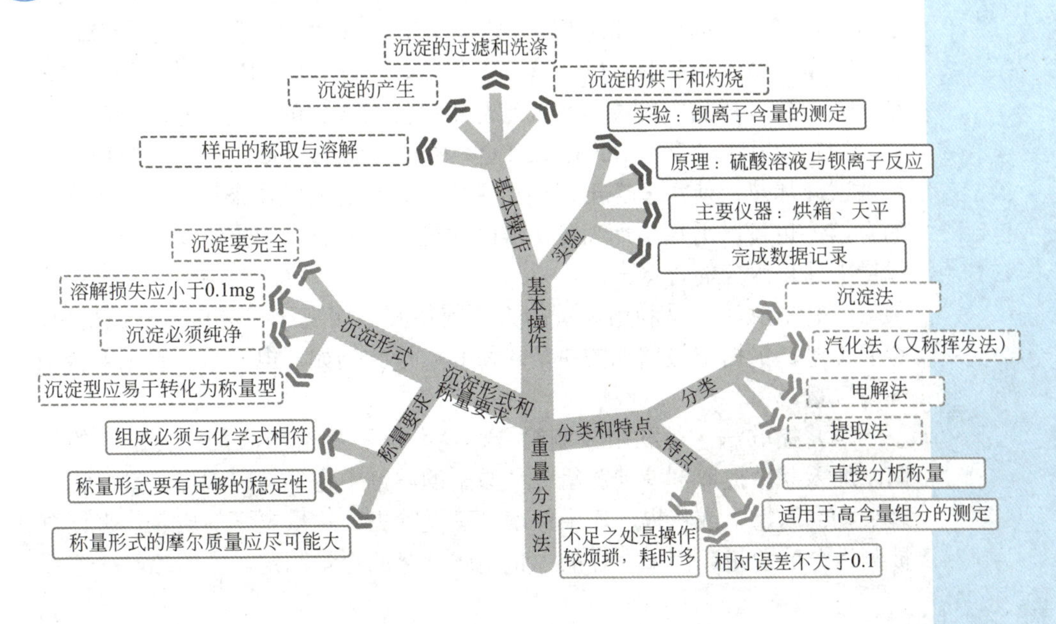

【职业综合能力】

1. 掌握重量分析法的特点和分类。

2. 掌握沉淀重量分析法对沉淀的要求，影响沉淀完全和沉淀纯度的因素。

3. 掌握重量分析法的实验操作和注意事项，并能根据物质的不同而选择合适的方法。

任务准备

重量分析法的分类及特点

学习单元一　重量分析法的分类和特点

重量分析法是经典的化学分析方法之一，它是根据生成物的质量来确定被测组分含量的方法，即先用适当的方法将试样中待测组分与其他组分分离，然后用称量的方法测定该组分的含量。根据分离方法的不同，重量分析法常分为沉淀法、汽化法、电解法、提取法四大类。

一、重量分析法分类

（1）沉淀法　是利用试剂与待测组分生成溶解度很小的沉淀，经过滤、洗涤、烘干或灼烧成为组成一定的物质，然后称其质量，再计算待测组分的含量。沉淀法测定准确度高，不需标准溶液，但是测定较慢，程序烦琐，不适用于微量组分的测定。例如，测定某样品的 SO_4^{2-} 含量时，采用的就是沉淀重量法，在试液中加入过量 $BaCl_2$ 溶液，使 SO_4^{2-} 完全转化成难溶的 $BaSO_4$ 沉淀，经过滤、洗涤、烘干或灼烧后，称量 $BaSO_4$ 的质量，再计算试样中 SO_4^{2-} 的含量。

（2）汽化法（又称挥发法）　是利用物质的挥发性质，通过加热或其他方法使试样中的待测组分挥发逸出，然后根据试样质量的减少计算该组分的含量；或者用吸收剂吸收逸出的组分，根据吸收剂质量的增加计算该组分的含量。样品中的湿存水或结晶水等挥发成分的测定多采用此法。例如，测定氯化钡晶体（$BaCl_2 \cdot 2H_2O$）中结晶水的含量，可将一定质量氯化钡试样加热，使水分逸出，根据氯化钡质量的减轻量来计算试样中水分的含量，也可以用吸湿剂高氯酸镁吸收逸出的水分，根据吸湿剂质量的增加量来计算水分的含量。

（3）电解法　是利用电解的方法使待测金属离子在电极上还原析出，然后称量，根据电极增加的质量求得其质量。例如，电解法测定铜合金中铜的含量。

（4）提取法　是利用被测组分在两种互不相溶的溶剂中分配比的不同，加入某种提取剂使被测组分从原来的溶剂中定量地转入提取剂，称量剩余物的质量，或将提出液中的溶剂蒸发除去，称量剩下的质量，来计算被测组分的含量。例如，样品中粗脂肪含量的定量测定，常用乙醚（或石油醚）作提取剂，然后蒸发除去乙醚，干燥后称量，即可得样品中粗脂肪的含量。

二、重量分析法的特点

重量分析中的测定数据是直接由分析称量而获得的分析结果，不需要从容量器皿引入许多数据，也不需要标准试样或基准物质作比较。对高含量组分的测定，重量分析比较准确，一般测定的相对误差不大于0.1%。对高含量的硅、磷、钨、镍、稀土元素等试样的精确分析，至今仍常使用重量分析方法。但重量分析法的不足之处是操作较烦琐，耗时多。不适于生产中的控制分析；对低含量组分的测定误差较大。

学习单元二　沉淀法的沉淀形式和称量要求

利用沉淀法进行分析时，首先向试液中加入适当的沉淀剂使其与被测组分发生沉淀反应，并以“沉淀形式”沉淀出来。沉淀经过滤、洗涤，在适当的温度下烘干或灼烧，转化为“称量形式”，再进行称量。根据称量形式的化学式计算被测组分在试样中的含量。“沉淀形式”和“称量形式”可能相同，也可能不同，例如：

被测组分 $Ba^{2+} \xrightarrow{沉淀}$ 沉淀形式 $BaSO_4 \xrightarrow{灼烧}$ 称量形式 $BaSO_4$

被测组分 $Fe^{3+} \xrightarrow{沉淀}$ 沉淀形式 $Fe(OH)_3 \xrightarrow{灼烧}$ 称量形式 Fe_2O_3

一、对沉淀形式的要求

① 沉淀要完全，沉淀的溶解度要小。

② 要求测定过程中沉淀的溶解损失不应超过分析天平的称量误差。一般要求溶解损失应小于0.1mg。例如，测定 Ca^{2+} 时，以形成 $CaSO_4$ 和 CaC_2O_4 两种沉淀形式作比较，$CaSO_4$ 的溶解度较大（$K_{sp}=2.45\times10^{-5}$），CaC_2O_4 的溶解度较小（$K_{sp}=1.78\times10^{-9}$）。显然，用 $(NH_4)_2C_2O_4$ 作沉淀剂比用硫酸作沉淀剂沉淀得更完全。

③ 沉淀易于过滤和洗涤。

④ 沉淀纯净是获得准确分析结果的重要因素之一。颗粒较大的晶体沉淀（如 $MgNH_4PO_4\cdot6H_2O$），其表面积较小，吸附杂质的机会较少，易于过滤和洗涤。颗粒细小的晶形沉淀（如 CaC_2O_4、$BaSO_4$），由于其比表面积大，吸附杂质较多，过滤费时且不易洗净。对于这类沉淀，必须选择适当的沉淀条件以满足对沉淀形式的要求。

⑤ 沉淀型应易于转化为称量型。沉淀经烘干、灼烧时，应易于转化为称量型。

二、对称量形式的要求

① 称量形式的组成必须与化学式相符，即必须有确定的化学组成，这是定量计算的基本依据。例如测定 PO_4^{3-}，可以形成磷钼酸铵沉淀，但组成不固定，无法利用它作为测定 PO_4^{3-} 的称量形式。若采用磷钼酸喹啉法测定 PO_4^{3-}，则可得到组成与化学式相符的称量形式。

② 称量形式要有足够的稳定性，不易吸收空气中的 CO_2、H_2O。例如测定 Ca^{2+} 沉淀为 $CaC_2O_4 \cdot 2H_2O$，灼烧后得到的 CaO，易吸收空气中 CO_2、H_2O，因此，CaO 不宜作为称量形式。

③ 称量形式的摩尔质量应尽可能大，这样可增大称量形式的质量，以减小称量误差。例如在铝的测定中，分别用 Al_2O_3 和 8- 羟基喹啉铝 $[Al(C_9H_6NO)_3]$ 两种称量形式进行测定，若被测组分 Al 的质量为 0.1000g，则 Al_2O_3 和 $Al(C_9H_6NO)_3$ 的质量分别为 0.1888g 和 1.7040g。两种称量形式由称量误差所引起的相对误差分别为 ±1% 和 ±0.1%。显然，以 $Al(C_9H_6NO)_3$ 作为称量形式比用 Al_2O_3 作为称量形式测定 Al 的准确度高（提高了 10 倍）。

三、沉淀剂的选择

根据上述对沉淀形式和称量形式的要求，选择沉淀剂时应考虑如下几点。

① 选用具有较好选择性的沉淀剂。所选的沉淀剂最好只能和待测组分生成沉淀，而与溶液中的其他组分不起作用或与尽可能少的组分生成沉淀，干扰少，沉淀纯净。例如：丁二酮肟和 H_2S 都可以沉淀 Ni^{2+}，但在测定 Ni^{2+} 时常选用前者。又如沉淀 Zr^{4+} 时，选用在盐酸溶液中与 Zr^{4+} 有特效反应的苦杏仁酸作沉淀剂，这时即使有 Ti^{3+}、Fe^{3+}、Ba^{2+}、Al^{3+}、Cr^{3+} 等十几种离子存在，也不发生干扰。

② 选用能与待测离子生成溶解度最小的沉淀的沉淀剂。所选的沉淀剂应能使待测组分沉淀完全。例如：难溶的钡的化合物有 $BaCO_3$、$BaCrO_4$、BaC_2O_4 和 $BaSO_4$。根据其溶解度可知，$BaSO_4$ 溶解度最小。因此以 $BaSO_4$ 的形式沉淀 Ba^{2+} 比生成其他难溶化合物好。

③ 尽可能选用易挥发或经灼烧易除去的沉淀剂。这样沉淀中带有的沉淀剂即便未洗净，也可以借烘干或灼烧而除去。一些铵盐和有机沉淀剂都能满足这项要求。例如：用氢氧化物沉淀 Fe^{3+} 时，选用氨水而不用 NaOH 作沉淀剂。

④ 选用溶解度较大的沉淀剂。用此类沉淀剂可以减少沉淀对沉淀剂的吸附作用。例如：利用生成难溶钡化合物沉淀 SO_4^{2-} 时，应选 $BaCl_2$ 作沉淀剂，而不用 $Ba(NO_3)_2$。因为 $Ba(NO_3)_2$ 的溶解度比 $BaCl_2$ 小，$BaSO_4$ 吸附 $Ba(NO_3)_2$ 比吸附 $BaCl_2$ 严重。

⑤ 选用有机沉淀剂。有机沉淀剂选择性高，常能形成结构较好的晶形沉淀；沉淀溶解度小；吸附杂质少，沉淀较纯净，易于过滤和洗涤；称

量形式的摩尔质量大；组成恒定；烘干后即可称重。因此，在可能的情况下，应尽量选择有机试剂作沉淀剂。

岗位小帮手

沉淀剂的选择

被测物	沉淀剂	称量形式	测定操作
Ag^+	盐酸	$AgCl$	试液加1%硝酸，加沉淀剂，加热至70℃，放置数小时，玻璃滤器过滤，用0.06%硝酸洗涤，130～150℃干燥，在暗处操作
Ba^{2+}	硫酸	$BaSO_4$	试液煮沸，加入热沉淀剂，放置12～18h，滤纸过滤，热水洗涤，>730℃洗涤
Cl^-	$AgNO_3$（5%）	$AgCl$	试液（含稀硝酸）加沉淀剂，加热至100℃，玻璃滤器过滤，用0.5%硝酸洗涤，130～150℃干燥，在暗处操作
I^-	$AgNO_3$（5%）	AgI	试液加氨水，加沉淀剂，玻璃滤器过滤，用1%硝酸洗涤，130～150℃干燥
Li^+	磷酸氢二钠	Li_3PO_4	试液（碱性）加洗涤剂，蒸发，溶于氨水，滤纸加滤纸浆过滤，800℃灼烧

四、沉淀的类型及形成过程

1. 沉淀的类型

沉淀按其物理性质的不同，可粗略地分为晶形沉淀和无定形沉淀两大类。

（1）晶形沉淀　晶形沉淀是指具有一定形状的晶体，其内部排列规则有序，颗粒直径为0.1～1μm。这类沉淀的特点是：结构紧密，具有明显的晶面，沉淀所占体积小、沾污少、易沉降、易过滤和洗涤。例如$BaSO_4$、$MgNH_4PO_4$就是典型的晶形沉淀。

（2）无定形沉淀　无定形沉淀是指无晶体结构特征的一类沉淀。如$Fe_2O_3 \cdot 2H_2O$是典型的无定形沉淀。无定形沉淀是由许多聚集在一起的微小颗粒（直径小于0.02μm）组成的，内部排列杂乱无章、结构疏松、体积庞大、吸附杂质多，不能很好地沉降，无明显的晶面，难于过滤和洗涤。

2. 沉淀形成过程

沉淀的形成是一个复杂的过程，一般来讲，沉淀的形成要经过晶核形成和晶核长大两个过程。

（1）晶核形成　将沉淀剂加入含待测组分的试液中，溶液是过饱和状态时，构晶离子由于静电作用而形成微小的晶核。晶核的形成可以分为均相成核和异相成核。

均相成核是指过饱和溶液中构晶离子通过缔合作用，自发地形成晶核的过程。不同的沉淀，组成晶核的离子数目不同。例如：$BaSO_4$的晶核由8个构晶离子组成，Ag_2CrO_4的晶核由6个构晶离子组成。

异相成核是指在过饱和溶液中，构晶离子在外来固体微粒的诱导下，聚合在固体微粒周围形成晶核的过程。溶液中的“晶核”数目取决于溶液中混入固体微粒的数目。随着构晶离子浓度的增加，晶体将成长得大一些。

当溶液的相对过饱和程度较大时，异相成核与均相成核同时存在，形成的晶核数目多，沉淀颗粒小。

（2）晶核长大　晶核形成时，溶液中的构晶离子向晶核表面扩散，并沉积在晶核上，晶核逐渐长大形成沉淀微粒。在沉淀过程中，由构晶离子聚集成晶核的速率称为聚集速率；构晶离子按一定晶格定向排列的速率称为定向速率。如果定向速率大于聚集速率较多，溶液中最初生成的晶核不是很多，有更多的离子以晶核为中心，并有足够的时间依次定向排列长大，形成颗粒较大的晶形沉淀。反之聚集速率大于定向速率，则很多离子聚集成大量晶核，溶液中没有更多的离子定向排列到晶核上，于是沉淀就迅速聚集成许多微小的颗粒，因而得到无定形沉淀。

定向速率主要取决于沉淀物质的性质，极性较强的物质，如 $BaSO_4$、$MgNH_4PO_4$ 和 CaC_2O_4 等，一般具有较大的定向速率，易形成晶形沉淀。AgCl 的极性较弱，逐步生成凝乳状沉淀。氢氧化物，特别是高价金属离子的氢氧化物，如 $Al(OH)_3$、$Fe(OH)_3$ 等，由于含有大量水分子，阻碍离子的定向排列，一般生成无定形胶状沉淀。

聚集速率不仅与物质的性质有关，还由沉淀的条件决定，其中最重要的是溶液中生成沉淀时的相对过饱和度。聚集速率与溶液的相对过饱和度成正比，溶液相对过饱和度越大，聚集速率越大，晶核生成越多，越易形成无定形沉淀。反之，溶液相对过饱和度越小，聚集速率越小，晶核生成越少，越有利于生成颗粒较大的晶形沉淀。因此，通过控制溶液的相对过饱和度，可以改变形成沉淀颗粒的大小，有可能改变沉淀的类型。

五、影响沉淀纯度的因素

在重量分析中，要求获得的沉淀应是纯净的。但是，沉淀从溶液中析出时，总会或多或少地夹杂溶液中的其他组分。因此必须了解影响沉淀纯度的各种因素，找出减少杂质混入的方法，以获得符合重量分析要求的沉淀。

影响沉淀纯度的主要因素有共沉淀现象和继沉淀现象。

1. 共沉淀现象

当沉淀从溶液中析出时，溶液中的某些可溶性组分也同时沉淀下来的现象称为共沉淀。共沉淀是引起沉淀不纯的主要原因，也是重量分析误差的主要来源之一。共沉淀现象主要有以下三类。

（1）表面吸附　由于沉淀表面离子电荷的作用力未达到平衡，因而产生自由静电力场。由于沉淀表面静电引力作用吸引了溶液中带相反电荷的离子，使沉淀微粒带有电荷，形成吸附层。带电荷的微粒又吸引溶液中带相反电荷的离子，构成电中性的分子。因此，沉淀表面吸附了杂质分子。例如：加过量的 $BaCl_2$ 到 H_2SO_4 溶液中，生成 $BaSO_4$ 晶体沉淀。沉淀表面的 SO_4^{2-} 由于静电引力强烈地吸引溶液中的 Ba^{2+}，形成第一吸附层，使沉淀表面带正电荷。然后它又吸引溶液中带负电荷的离子，如 Cl^-，构成电中性的双电层，如图 8-1 所示。双电层随颗粒一起下沉，因而使沉淀被污染。

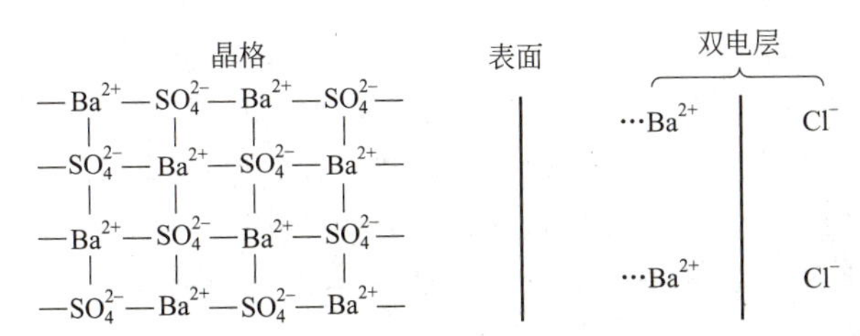

图 8-1　$BaSO_4$ 晶体表面吸附

显然，沉淀的总表面积越大，吸附杂质就越多；溶液中杂质离子的浓度越高，价态越高，越易被吸附。由于吸附作用是一个放热反应，所以升高溶液的温度，可减少杂质的吸附。

（2）吸留和包藏　吸留是被吸附的杂质机械地嵌入沉淀中。包藏常指母液机械地包藏在沉淀中。这些现象的发生，是由于沉淀剂加入太快，使沉淀急速生长，沉淀表面吸附的杂质来不及离开就被随后生成的沉淀所覆盖，使杂质离子或母液被吸留或包藏在沉淀内部。这类共沉淀不能用洗涤的方法将杂质除去，可以借改变沉淀条件或重结晶的方法来避免。

（3）混晶　每种晶形沉淀，都具有一定的晶体结构，当杂质离子的半径与构晶离子的半径相近，电子层结构基本相似，并能形成相同的晶体结构时，它们易生成混晶，这是由于杂质离子抢占了构晶离子的晶格位置而进入了沉淀内部。例如 Pb^{2+} 和 Ba^{2+} 半径相近，电荷相同，在用 H_2SO_4 沉淀 Ba^{2+} 时，Pb^{2+} 能够取代 $BaSO_4$ 中的 Ba^{2+} 进入晶核形成 $PbSO_4$ 和 $BaSO_4$ 的混晶共沉淀。

也有一些杂质，虽与沉淀具有不同的晶体结构，但也能生成混晶体。如立方体 NaCl 和四面体 Ag_2CrO_4 的晶体结构虽不同，但可以形成混晶。由于这种混晶体的形状往往不完整，当其与溶液一起放置时，杂质离子将逐渐被驱出，结晶形状慢慢变得完整，所得沉淀也就更纯净。

由于混晶的杂质进入沉淀内部，不能用洗涤的方法除去，也难以用重结晶的方法除去，在重量分析法中，通常在沉淀前提前将这些杂质分离。

2. 继沉淀现象

在沉淀析出后，当沉淀与母液一起放置时，溶液中某些杂质离子可能慢慢地沉积到原沉淀上，放置时间越长，杂质析出的量越多，这种现象称为继沉淀。例如：Mg^{2+} 存在时以（NH_4）$_2C_2O_4$ 沉淀 Ca^{2+}、Mg^{2+} 易形成稳定的草酸盐过饱和溶液而不立即析出沉淀。如果把形成的 CaC_2O_4 沉淀过滤，则发现沉淀表面上吸附有少量 Mg^{2+}。若将含有 Mg^{2+} 的母液与 CaC_2O_4 沉淀一起放置一段时间，则 MgC_2O_4 沉淀的量将会增多。

匠心铸魂

重量分析法的由来

重量分析法使分析化学迈入了定量分析时代。著名的瑞典化学家和矿物学家贝格曼在《实用化学》一书中指出：“为了测定金属的含量，并不需要把这些金属转化为它们的单质，只要把它们以沉淀化学物的形式分离出来，如果我们事先测定沉淀组成，就可以进行换算了。”这项工作被视作是重量分析的起源。因而贝格曼被公认为是无机定性分析、定量分析的奠基人。

1825年德国化学家罗塞在德国化学家汉立希的湿法定性分析的基础上，建立了系统的金属定性分析法。1841年德国化学家累森纽斯进一步改进罗塞的办法，把阳离子分成六组，逐一鉴别，这种分析方法迄今仍在化学教科书中引用。

最早的定量分析是重量分析法。这种方法的奠基人是克拉普鲁特，他不仅创立了一系列定量操作方法，如灼烧、干燥等，还利用换算因子求得金属重量，同时引进重量百分比概念，应用这一概念帮助人们轻而易举地发现新的元素。另外一个对重量分析作出重大贡献的是贝采利乌斯。他发明了各种分析仪器，如干燥器、过滤器、水浴锅等。他还发明了无灰滤纸。他还强调漏斗的锥角应为60°，过滤滤纸不能高出漏斗。贝采利乌斯还发明了灵敏度达1mg的天平，使定量分析误差达到毫克级水平。

趣味驿站

化学沉淀法在污水处理中的作用（以除铅为例）

随着社会对水环境要求的提高，人类对工业废水的危害及潜在价值也愈发重视。工业废水中往往含有大量的含氮、磷和砷的有毒化合物，以及含有铬、铅等有回收价值却对环境危害巨大的重金属。由于工业废水中的有毒物质浓度较高，不宜进行生物降解，因此，目前化学沉淀法仍是去除回收工业废水中以上物质的最佳方式。工业上常用铅作为化学原料，比如选矿、电池生产、石油化工产业等。铅及含铅化合物都具有生物毒性，无组织排放含铅废水会对生态环境造成严重危害，渗漏到土壤中又会造成土壤铅超标，对农作物生长造成危害，进而影响人体健康。我国国家标准《污水综合排放标准》(GB 8978—1996) 中明确规定铅为一类污染物，对于车间排放口及总排口均有严格的控制指标。同时，多个地区将铅作为总量控制指标，严格控制铅的排放。化学沉淀法处理含铅废水主要有磷酸盐沉淀法、氢氧化物沉淀法及铁氧体沉淀法等工艺，作用原理主要为铅与沉淀剂反应生成沉淀物，而后进行过滤去除。

实际生产中，除铅工艺以氢氧化物沉淀法应用居多，沉淀剂主要有石灰、烧碱、氢氧化镁等。氢氧根离子与重金属是否能生成难溶的沉淀物与pH值有关，pH值=9.2～9.5时，$Pb(OH)_2$沉淀效果最佳，pH值>9.5时，随着pH值的增大，会出现反溶现象，沉淀效果反而不好。磷酸盐沉淀法反应原理为废水中铅离子与PO_4^{3-}发生反应生成磷酸铅沉淀。在同样温度下，不溶性铅盐中$Pb_3(PO_4)_2$溶解度最小，沉淀速度最快。在投加磷酸盐的同时投加助凝剂（如聚丙烯酰胺等），由于吸附架桥的作用，可大大加速絮凝物凝聚，提高除铅效率。铁氧体沉淀法是一种新兴的废水除铅方法，在废水中加入$FeSO_4$溶液，铅离子与硫酸亚铁生成具有磁性的铁氧体。这种方法适用于复杂性重金属废水，但处理过程需要热源，能耗较大，且处理时间较长。与其他处理方法相比，化学沉淀法对于高含铅废水具有显著的处理效果，含铅废水可稳定达标排放。

$$Pb^{2+}+2OH^{-} \longrightarrow Pb(OH)_2\downarrow +Ca^{2+}$$

$$3Pb^{2+}+2PO_4^{3-} \longrightarrow Pb_3(PO_4)_2\downarrow$$

学习单元三　沉淀法的基本操作

重量分析法的基本操作

沉淀法的基本操作包括：样品的称取及溶解，沉淀的产生，沉淀的过滤和洗涤，沉淀的烘干和灼烧，称量形式的称量，结果的计算等步骤。操作烦琐、精细、费时。因此，为使沉淀完全、纯净，应根据沉淀的类型选择适宜的操作条件，把握每一个环节的每一步操作，以得到准确的分析结果。

一、样品的称取及溶解

（1）样品的称取　现场取样后将样品均匀混合。取样量要适宜，过多会产生大量沉淀，使操作困难；过少则称量误差大。一般沉淀称量形式的适宜质量为：晶形沉淀 0.1 ～ 0.5g，非晶形沉淀 0.08 ～ 0.10g。

（2）样品的溶解　液体试样，可直接量取一定体积后放入干净烧杯中进行分析。

固体试样，根据试样的性质，可用水、酸、碱溶解或采用熔融等方法进行溶解。一般情况下，应先考虑用水溶解，水不溶时再选用其他溶剂。

溶解前，应准备好清洁的烧杯、合适的玻璃棒和表面皿，烧杯底部和内壁不能有划痕。玻璃棒的长度应高出烧杯 5 ～ 7cm，表面皿应大于烧杯口。

溶样时若无气体产生，将样品倾入烧杯，即可沿杯壁倒入或沿玻璃棒使下端流入杯中，边加边搅拌，待试样溶解后，盖上表面皿。若试样溶解时有气体产生，将样品倾入烧杯后，应用少量水将样品湿润，然后盖上表面皿，从烧杯嘴与表面皿之间的空隙缓慢加入溶剂，直到样品完全溶解，再用洗瓶冲洗表面皿，洗液流入烧杯内，之后再盖上表面皿。溶样时若需要加热以促进溶解，则应在水浴锅内进行并盖好表面皿，防止溶液暴沸或溅出，加热停止时，用洗瓶洗表面皿或烧杯内壁。溶解时需要用玻璃棒搅拌，此玻璃棒再不能作为他用。

样品溶解后的试液必须清澈透明，无残留物。若样品的溶解不完全，则会产生较大的分析误差，直接影响重量分析结果的准确性。

二、沉淀的产生

沉淀是将待测离子完全转化为沉淀形式，因此沉淀完全和纯净是重量分析法的关键。

沉淀时按各类沉淀的条件进行，通常沉淀在热溶液中进行。

根据晶形沉淀的条件，在操作时，应一手拿滴管，缓缓滴加沉淀剂，一手握玻璃棒不断搅拌溶液，搅拌时玻璃棒不要触碰烧杯内壁和烧杯底，速度不宜快，以免溶液溅出。加热时应在水浴锅或电热板上进行，不得使溶液沸腾，否则会引起水溅或产生泡沫飞散，造成被测物的损失。沉淀后，应检查沉淀是否完全，方法是：将沉淀静置一段时间，让沉淀下沉，上层溶液澄清后，滴加一滴沉淀剂，观察交接面是否浑浊，如浑浊，表明沉淀未完全，还需要加入沉淀剂；反之，如清亮则沉淀完全。此时，盖上表面皿，放置一段时间或在水浴上恒温静置 1h 左右，让沉淀陈化。

非晶形沉淀时，宜用较浓的沉淀剂溶液，加入沉淀剂的速度和搅拌的速度均可快一些，以获得致密的沉淀，沉淀完全后，要用热蒸馏水稀释，不必放置陈化。

三、沉淀的过滤和洗涤

在重量分析中通常采用过滤技术，将沉淀与母液分离。对于需要灼烧的沉淀，常用定量滤纸过滤；而对于过滤、烘干后即可称量的沉淀则可采用微孔玻璃坩埚过滤。用滤纸过滤时采用常压过滤法；用微孔玻璃坩埚过滤时采用减压过滤法。

滤纸的选择：常压过滤所用的定量滤纸分为快速、中速、慢速三种，各种类型定量滤纸的规格及用途等见下表。

岗位小帮手

定量滤纸的规格和用途

滤纸类型	滤纸盒色带标志	灰分 /%	滤速 / (s/100mL)	用途
快速	蓝	0.02	60 ～ 100	过滤无定形沉淀
中速	白	0.02	100 ～ 160	过滤粗晶型沉淀
慢速	红	0.02	160 ～ 200	过滤细型沉淀

岗位小帮手

减压过滤所用的微孔玻璃坩埚按玻璃粉的粗细、空隙大小不同分为六类，见下表。

对折微孔玻璃坩埚的规格和用途

坩埚代号	滤孔大小 /μm	用途
G_1	80 ～ 120	过滤粗颗粒沉淀
G_2	40 ～ 80	过滤较粗颗粒沉淀
G_3	15 ～ 40	过滤一般晶型沉淀
G_4	5 ～ 15	过滤细颗粒沉淀
G_5	2 ～ 5	过滤极细颗粒沉淀
G_6	<2	滤除细菌

在过滤前，首先根据沉淀量和沉淀性质选用大小和致密程度不同的滤纸，再由滤纸的大小选择合适的漏斗。

1. 漏斗的选择

用于重量分析中的漏斗应该是长颈漏斗，颈长为 15 ～ 20cm，漏斗锥体角应为 60°，颈的直径要小些，一般为 3 ～ 5mm，以便在颈内容易保留水柱，出口处磨成 45° 角。其大小可根据滤纸的大小来选择。漏斗在使用前应洗净。

2. 滤纸的折叠和安放

滤纸的折叠和安放如图 8-2 所示。选好滤纸和漏斗后，先将滤纸沿直径对折成半圆，再根据漏斗角度的大小对折。折好的滤纸，一边为三层，另一边为单层，为使滤纸三层部分紧贴漏斗内壁，可将滤纸的上角撕下，并留作擦拭沉淀用。将折叠好的滤纸放在洁净的漏斗中，放入的滤纸应比漏斗口低 0.5 ～ 1cm。

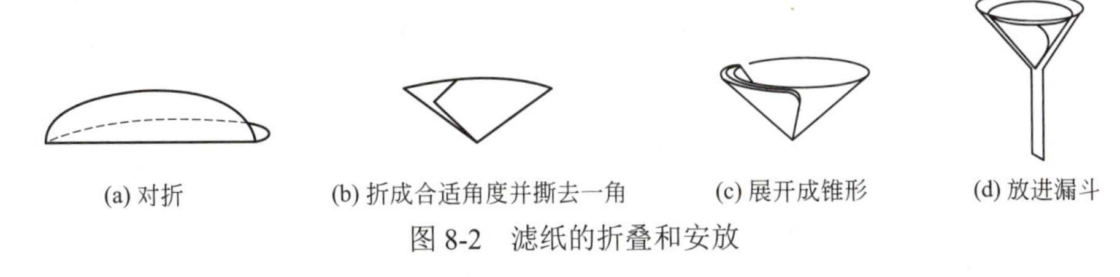

(a) 对折　(b) 折成合适角度并撕去一角　(c) 展开成锥形　(d) 放进漏斗

图 8-2　滤纸的折叠和安放

将滤纸放入漏斗后，用食指按住滤纸，同时用洗瓶加蒸馏水润湿，再用手指小心轻压滤纸，把留在滤纸与漏斗壁之间的气泡赶走，使滤纸紧贴漏斗并使水充满漏斗颈形成水柱，以加快过滤速度。

3. 沉淀的过滤

沉淀一般采用“倾泻法”过滤。操作方法是：将漏斗放在漏斗架或铁圈上，接收滤液的烧杯放在漏斗下面，漏斗颈下端在烧杯边沿以下 3～4cm 处，并与烧杯内壁紧贴，避免滤液溅出。操作时一手拿住玻璃棒，使其直立于漏斗中三层滤纸一边，但不能和滤纸接触。另一只手拿住盛沉淀的烧杯，烧杯嘴要靠住玻璃棒，慢慢将烧杯倾斜，使上层清液沿着玻璃棒流入滤纸，漏斗中液体高度不能超过滤纸高度的 2/3，然后沿玻璃棒将烧杯嘴往上提起少许，扶正烧杯，在扶正烧杯以前不可将烧杯嘴离开玻璃棒，使残留在烧杯嘴的液体流回烧杯中，之后再将玻璃棒放回烧杯。如此重复进行，直至将上层清液倾完。将沉淀转移到滤纸上。“倾泻法”过滤操作如图 8-3 所示。

4. 沉淀的洗涤和转移

洗涤沉淀可采用“倾泻法”。在上层清液倾注完以后，沿烧杯四周注入少量洗涤液，充分搅拌、静置。待沉淀下沉后，按上述方法倾注过滤，为提高洗涤效率，按少量多次的原则进行，每次用 10 ～ 20mL 洗涤液。

沉淀的转移：沉淀洗涤后，在烧杯中加入少量洗涤液，将沉淀充分搅起，然后立即将悬浊液一次转移到滤纸中。接着用洗瓶冲洗烧杯内壁、玻璃棒，重复以上操作 2 ～ 3 次，在烧杯内壁和玻璃棒上可能仍残留少量沉淀，这时可用撕下的滤纸角擦拭，放入漏斗中。再用洗涤液冲洗烧杯，使残留的沉淀全部转入漏斗中，如图 8-4 所示。

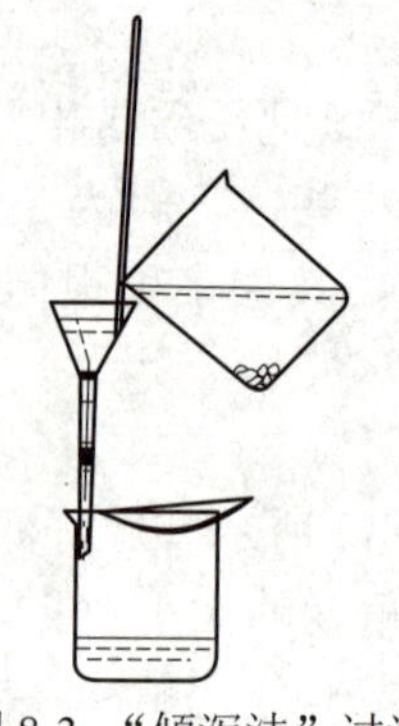

图 8-3 “倾泻法”过滤

沉淀转移完全后，再在滤纸上进行洗涤，以除尽全部杂质。用洗瓶或胶头滴管在滤纸边缘稍下的地方自上而下螺旋式冲洗，以使沉淀集中在滤纸锥体最下部。重复进行直至沉淀完全洗净，如图 8-5 所示。

图 8-4 沉淀的洗涤和转移

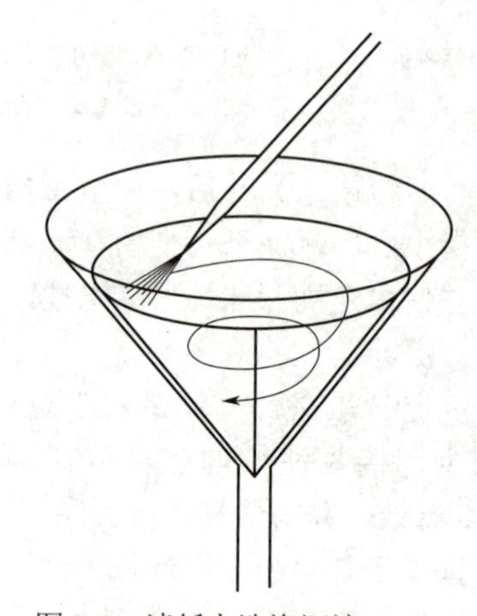

图 8-5 滤纸上洗涤沉淀

四、沉淀的烘干和灼烧

1. 干燥器的准备和使用

干燥器是用来对物品进行干燥和保存干燥物品的玻璃器皿。

准备干燥器时，先用干布将瓷板和内壁擦干净，一般不能用水洗。再将干燥剂装到下室的一半即可，干燥剂一般用变色硅胶，当蓝色的硅胶变为红色（钴盐的水合物）时，应将硅胶重新烘干。

干燥器的口和盖沿均为磨砂平面，用时涂一薄层凡士林以增加其密封性，开启或关闭时左手向右抵住干燥器身，右手握住干燥器盖的圆把手向左推开。灼热的物体放入干燥器前，应先冷却 30 ～ 60s。放入干燥器后，应反复将盖子推开一道缝，直到不再有热空气排出时再盖严盖子。

移动干燥器时，必须用双手握着干燥器和盖子的沿口，以防盖子滑落打碎。干燥器不能用来保存潮湿的器皿或沉淀。

2. 坩埚的准备

坩埚是用来进行高温灼烧的器皿，坩埚钳是用来夹取热坩埚和坩埚盖的。首先将洗净并干燥的空坩埚放入马弗炉进行第一次灼烧，一般在800～850℃下灼烧30～45min。等红热状态消失后，将其放入干燥器内冷却至室温，再取出称量。按同样方法再灼烧、冷却、称量。第二次灼烧15～20min。如果两次称量结果之差小于0.2mg，即可认为空坩埚已达到恒重，反之还要继续灼烧直至恒重。

3. 包裹沉淀的方法

包裹沉淀时，先用干净的玻璃棒将滤纸的三层部分挑起，再用洗净的手将带有沉淀的滤纸小心取出，按顺序折卷带有沉淀的滤纸，将层数较多的一端或滤纸包的尖端向下，放入已恒重的空坩埚中。

如果沉淀体积较大（如胶状沉淀），不适合用上述方法折卷滤纸。可在漏斗中，用玻璃棒将滤纸挑起，向中间折叠，将沉淀全部盖住，再用玻璃棒把滤纸锥体转移到坩埚中。尖头朝上。

4. 沉淀的烘干、灼烧

烘干，一般是在250℃以下进行的。凡是用微孔玻璃坩埚过滤的沉淀，可用烘干的方法处理。一般用电热烘箱或红外灯，目的是除去沉淀中的水分和所沾的洗涤液。

灼烧，是指在800℃以上高温下进行的处理，它适用于用滤纸过滤的沉淀，灼烧是在预先已烧至恒重的瓷坩埚中进行的。目的是烧去滤纸，除去洗涤剂，将沉淀烧成合乎要求的称量形式。如用高温炉灼烧，将坩埚先放在打开炉门的炉膛上预热后，再送入炉膛，盖上坩埚盖，在所要求的温度下灼烧一定时间。然后冷却、称量。继续灼烧一定时间，冷却再称量，直至恒重。

沉淀经烘干或灼烧至恒重后，由其质量即可计算测定结果。

匠心铸魂

过犹不及

以重量分析法为例，适当加入过量的沉淀剂可以通过同离子效应减小沉淀的溶解度，但如果加入太多的沉淀剂则可能会引起盐效应使沉淀的溶解度增大。再如，酸碱缓冲溶液可以稳定溶液的酸度，但如果超出了缓冲范围则起不到缓冲作用。此现象告诉大家，我们每个人都憧憬美好的生活，但如果对于金钱过于执着，做人失去了底线，则得不偿失，因此做人做事要懂得把握分寸，适度即可，否则可能会物极必反。

无论对金钱，名利，还是感情，总之对生活中的一切，都不能过于执着。保有一份平常心是人生的高境界。凡事不要太执着，要懂得释放自己，最重要的是每一天过得快乐开心。太过执着，会变得太计较得失，太在意结局，从而把自己逼向人生的死角。

我国电子天平的发展史和现状

我国电子天平的研究始于20世纪70年代末，早期产品是仿制进口天平，80年代初期，上海天平仪器厂和沈阳天平厂、常熟衡器厂及湘仪天平厂等主要厂家都已开始研制电子天平或仿制国外早期产品，但是由于技术不成熟，没有形成规模的生产能力。随着我国改革开放步伐的加快，80年代中期，我国天平行业通过引进发达国家电子天平的生产技术，搞SKD散件组装，积累了一定经验，然后在此基础上消化、吸收其产品、技术，进行国产化研究，应用微处理器控制技术，重点攻关电磁力传感器制造技术，使我国的电子天平产品在普通称量领域快速地达到了世界先进水平。在90年代初期已经形成了一定的生产规模，已经能批量地生产电子天平并销往国内市场。生产的电子天平称量范围从100g/0.1mg到50kg/1g。到21世纪近八年时间中，中国电子天平行业新厂不断涌现，随着市场的需求量不断增加，中国电子天平行业的生产能力已达到较大规模，供应国内市场并出口到国际市场。

新中国成立初期，由沈阳电子天平公司生产出第一台机械式电子天平，证明了我国在电子天平行业中自主研制与生产天平的能力，我国电子天平经历了由机械读数到光电读数，再到电子数字读数的发展阶段。大规模集成电路的应用使电子技术取得了突飞猛进的发展，天平行业也随之进入了电子时代，自从世界上诞生了第一台电子天平，就以其称重迅速、准确，读数直观的优势迅速地进入计量称重领域，使称量发生了巨大的转变，让烦琐的称量变得非常简单。特别是微处理器的产生又使电子天平变得更加智能化，可以去皮、累加、数据输出、多种单位制转换、计数、动物称量等。

任务实施

任务　氯化钡中钡离子含量的测定

【任务描述】

某化工厂生产了一批氯化钡试剂，现需要大家分析一下氯化钡中钡离子含量的测定方法，并准确计算出钡离子的含量。

×× 化工厂采样清单			
试剂名称		试剂型号	
试剂规格		试剂批号	
实验项目	氯化钡中钡离子含量的测定		
使用部门		总量	
采样人员		采样时间	
接样部门			
接单人		接样时间	

氯化钡中钡离子含量的测定

【任务分析】

测定氯化钡中钡离子含量时，采用的就是沉淀重量法。称取一定的试样，用水溶解，用稀盐酸酸化，加热至近沸，在不断搅拌下向试液中加入热的稀硫酸溶液，使 Ba^{2+} 完全生成难溶的 $BaSO_4$ 沉淀，经过滤、洗涤、烘干、灼烧后，称量 $BaSO_4$ 的质量，再计算试样中 Ba^{2+} 的含量。

【任务目标】

1. 养成“整理、整顿、清扫、清洁、素养、安全、节约”7S 的习惯；
2. 掌握晶形沉淀的制备、过滤、洗涤、灼烧及恒重、计算等；
3. 具有质量意识、绿色环保意识、安全意识、信息素养、创新精神。

【任务实施】

实验设计

氯化钡中钡离子含量的测定

仪器领用归还卡

类别	名称	规格	单位	数量	归还数量	归还情况
试剂						
仪器						
其他						

注：请爱护公共器材！在领用过程中如有破损或遗失，须按实验室制度予以赔偿！

领用时间：______年______月______日______时______分　　领用人：

归还时间：______年______月______日______时______分　　归还人：

经办人：

实验数据记录单

××化工厂实验数据记录单			
实验项目	氯化钡中钡离子含量的测定		
实验时间	____年____月____日__时__分		
实验人员			
实验依据			
实验条件	温度： 湿度：		
内容	1	2	
称量瓶＋试样的质量 /g			
倾出后称量瓶＋试样的质量 /g			
试样氯化钡的质量 /g			
恒重的瓷坩埚的质量 /g			
恒重的瓷坩埚＋沉淀的质量 /g			
沉淀的质量 /g			
氯化钡的含量 w/%			
平均值 /%			
相对极差 /%			
检验人签名		复核人签名	
检验日期		复核日期	

任务评价卡——学生自评

评价内容	评分标准	得分
实验防护（10 分）	统一穿白大褂，佩戴手套	
预习报告（10 分）	根据任务提前预习并完成预习报告	
仪器及试剂准备（10 分）	实验仪器及试剂领用符合实验需求	
团队合作（10 分）	分工明确，认真细致，具有团队协作精神	
实验过程和结果（40 分）	思路清晰，操作熟练，结果准确	
绿色环保（10 分）	试剂无浪费，废液有序回收	
7S 管理（10 分）	仪器清洗归位，实验台面清理干净	
总得分		

任务评价卡——小组自评

评价内容	评分标准	得分
任务分工（20 分）	任务分工明确，安排合理	
合作效率（20 分）	按时完成任务	
团队协作意识（20 分）	集思广益，全员参与	
实验方法分享（20 分）	逻辑清晰，表达流畅，重点突出	
实验过程和结果（20 分）	思路清晰，操作熟练，结果准确	
总得分		

任务评价卡——教师评价表

项目	考核内容	配分	操作要求	考核记录	扣分说明	扣分	得分
称量（20分）	称量操作	12	检查天平水平；清扫天平；敲样动作正确		错一项扣4分		
	试样称量范围	8	称量范围不超出±5%～±10%		超出扣8分		
沉淀的制备（20分）	加液顺序正确	12	按操作规程逐步加液；顺序正确；操作规范		错一项扣4分		
	陈化	8	陈化时间符合要求		时间不够扣8分		
过滤（20分）	选择正确的过滤器	5	选择正确的过滤器		选错扣5分		
	沉淀洗涤正确	15	用淀帚由上到下擦拭烧杯内壁；由小片滤纸擦拭内壁；正确洗涤		错一项扣5分		
灼烧和恒重（20分）	灼烧	10	灼烧温度方法选择合适；操作规范安全		错一项扣5分		
	恒重	10	灼烧时间足够；保证恒重		错一项扣5分		
文明操作（10分）	物品摆放、仪器洗涤、“三废”处理	10	仪器摆放整齐；废纸/废液不乱扔；实验台擦拭干净；药品放回指定位置；结束后清洗仪器		错一项扣2分		
数据记录（10分）	记录、计算、有效数字保留	10	及时记录不缺项；计算过程正确；有效数字修约正确；结果准确；书写规范，有数字、有单位		错一项扣2分		

自我分析与总结

存在的主要问题：	收获与总结：
今后改进、提高的方法：	

【巩固与练习】

8-1　什么是重量分析法？与沉淀滴定法有什么区别？

8-2　沉淀重量法中对沉淀的沉淀形式和称量形式各有什么要求？

8-3　解释下列现象：

（1）$BaSO_4$ 可用水洗涤，而 AgCl 则要用稀 HNO_3 洗涤。

（2）$BaSO_4$ 沉淀应陈化，而 $Fe_2O_3 \cdot nH_2O$ 沉淀不应陈化。

（3）ZnS 在 HgS 沉淀表面上沉淀，而不在 $BaSO_4$ 沉淀表面上沉淀。

8-4　叙述重量分析法的主要操作过程。

8-5　重量分析法对沉淀形式和称量形式的要求是什么？

8-6　什么是陈化？其作用是什么？

8-7　用过量 $BaCl_2$ 沉淀 SO_4^{2-} 时，溶液中还含有 NO_3^-、Mg^{2+}，Na^+ 等杂质，其中何种离子可能被共沉淀，为什么？共沉淀使测定结果偏高还是偏低？

附录

附录1　常用弱酸、弱碱在水中的解离常数

（1）无机酸在水溶液中的解离常数（25℃）

序号	名称	化学式	K_a	pK_a
1	偏铝酸	$HAlO_2$	6.3×10^{-13}	12.2
2	亚砷酸	H_3AsO_3	6.0×10^{-10}	9.22
3	砷　酸	H_3AsO_4	6.3×10^{-3} (K_{a_1})	2.2
			1.05×10^{-7} (K_{a_2})	6.98
			3.2×10^{-12} (K_{a_3})	11.5
4	硼　酸	H_3BO_3	5.8×10^{-10} (K_{a_1})	9.24
			1.8×10^{-13} (K_{a_2})	12.74
			1.6×10^{-14} (K_{a_3})	13.8
5	次溴酸	HBrO	2.4×10^{-9}	8.62
6	氢氰酸	HCN	6.2×10^{-10}	9.21
7	碳　酸	H_2CO_3	4.2×10^{-7} (K_{a_1})	6.38
			5.6×10^{-11} (K_{a_2})	10.25
8	次氯酸	HClO	3.2×10^{-8}	7.5
9	氢氟酸	HF	6.61×10^{-4}	3.18
10	锗酸	H_2GeO_3	1.7×10^{-9} (K_{a_1})	8.78
			1.9×10^{-13} (K_{a_2})	12.72
11	高碘酸	HIO_4	2.8×10^{-2}	1.56
12	亚硝酸	HNO_2	5.1×10^{-4}	3.29
13	次磷酸	H_3PO_2	5.9×10^{-2}	1.23
14	亚磷酸	H_3PO_3	5.0×10^{-2} (K_{a_1})	1.3
			2.5×10^{-7} (K_{a_2})	6.6
15	磷酸	H_3PO_4	7.52×10^{-3} (K_{a_1})	2.12
			6.31×10^{-8} (K_{a_2})	7.2
			4.4×10^{-13} (K_{a_3})	12.36
16	焦磷酸	$H_4P_2O_7$	3.0×10^{-2} (K_{a_1})	1.52
			4.4×10^{-3} (K_{a_2})	2.36
			2.5×10^{-7} (K_{a_3})	6.6
			5.6×10^{-10} (K_{a_4})	9.25

续表

序号	名称	化学式	K_a	pK_a
17	氢硫酸	H_2S	1.3×10^{-7} (K_{a_1})	6.88
			7.1×10^{-15} (K_{a_2})	14.15
18	亚硫酸	H_2SO_3	1.23×10^{-2} (K_{a_1})	1.91
			6.6×10^{-8} (K_{a_2})	7.18
19	硫酸	H_2SO_4	1.0×10^{3} (K_{a_1})	−3
			1.02×10^{-2} (K_{a_2})	1.99
20	硫代硫酸	$H_2S_2O_3$	2.52×10^{-1} (K_{a_1})	0.6
			1.9×10^{-2} (K_{a_2})	1.72
21	氢硒酸	H_2Se	1.3×10^{-4} (K_{a_1})	3.89
			1.0×10^{-11} (K_{a_2})	11
22	亚硒酸	H_2SeO_3	2.7×10^{-3} (K_{a_1})	2.57
			2.5×10^{-7} (K_{a_2})	6.6
23	硒 酸	H_2SeO_4	1×10^{3} (K_{a_1})	−3
			1.2×10^{-2} (K_{a_2})	1.92
24	硅 酸	H_2SiO_3	1.7×10^{-10} (K_{a_1})	9.77
			1.6×10^{-12} (K_{a_2})	11.8
25	亚碲酸	H_2TeO_3	2.7×10^{-3} (K_{a_1})	2.57
			1.8×10^{-8} (K_{a_2})	7.74

（2）有机酸在水溶液中的解离常数（25℃）

序号	名称	化学式	K_a	pK_a
1	甲酸	HCOOH	1.8×10^{-4}	3.75
2	乙酸	CH_3COOH	1.74×10^{-5}	4.76
3	乙醇酸	$CH_2(OH)COOH$	1.48×10^{-4}	3.83
4	草酸	$(COOH)_2$	5.4×10^{-2} (K_{a_1})	1.27
			5.4×10^{-5} (K_{a_2})	4.27
5	甘氨酸	$CH_2(NH_2)COOH$	1.7×10^{-10}	9.78
6	一氯乙酸	$CH_2ClCOOH$	1.4×10^{-3}	2.86
7	二氯乙酸	$CHCl_2COOH$	5.0×10^{-2}	1.3
8	三氯乙酸	CCl_3COOH	2.0×10^{-1}	0.7
9	丙 酸	CH_3CH_2COOH	1.35×10^{-5}	4.87
10	丙烯酸	$CH_2{=}CHCOOH$	5.5×10^{-5}	4.26
11	乳酸（丙醇酸）	$CH_3CHOHCOOH$	1.4×10^{-4}	3.86
12	丙二酸	$HOCOCH_2COOH$	1.4×10^{-3} (K_{a_1})	2.85
			2.2×10^{-6} (K_{a_2})	5.66
13	2-丙炔酸	$HC{\equiv}CCOOH$	1.29×10^{-2}	1.89
14	甘油酸	$HOCH_2CHOHCOOH$	2.29×10^{-4}	3.64
15	丙酮酸	$CH_3COCOOH$	3.2×10^{-3}	2.49
16	α-丙氨酸	CH_3CHNH_2COOH	1.35×10^{-10}	9.87
17	β-丙氨酸	$CH_2NH_2CH_2COOH$	4.4×10^{-11}	10.36
18	正丁酸	$CH_3(CH_2)_2COOH$	1.52×10^{-5}	4.82
19	异丁酸	$(CH_3)_2CHCOOH$	1.41×10^{-5}	4.85

续表

序号	名称	化学式	K_a	pK_a
20	3-丁烯酸	$CH_2=CHCH_2COOH$	2.1×10^{-5}	4.68
21	异丁烯酸	$CH_2=C(CH_2)COOH$	2.2×10^{-5}	4.66
22	反丁烯二酸（富马酸）	$HOOCCH=CHCOOH$	$9.3\times10^{-4}(K_{a_1})$	3.03
			$3.6\times10^{-5}(K_{a_2})$	4.44
23	顺丁烯二酸（马来酸）	$HOOCCH=CHCOOH$	$1.2\times10^{-2}(K_{a_1})$	1.92
			$5.9\times10^{-7}(K_{a_2})$	6.23
24	酒石酸	$HOOCCH(OH)CH(OH)COOH$	$1.04\times10^{-3}(K_{a_1})$	2.98
			$4.55\times10^{-5}(K_{a_2})$	4.34
25	正戊酸	$CH_3(CH_2)_3COOH$	1.4×10^{-5}	4.86
26	异戊酸	$(CH_3)_2CHCH_2COOH$	1.67×10^{-5}	4.78
27	2-戊烯酸	$CH_3CH_2CH=CHCOOH$	2.0×10^{-5}	4.7
28	3-戊烯酸	$CH_3CH=CHCH_2COOH$	3.0×10^{-5}	4.52
29	4-戊烯酸	$CH_2=CHCH_2CH_2COOH$	2.10×10^{-5}	4.677
30	戊二酸	$HOOC(CH_2)_3COOH$	$1.7\times10^{-4}(K_{a_1})$	3.77
			$8.3\times10^{-7}(K_{a_2})$	6.08
31	谷氨酸	$HOOCCH_2CH_2CH(NH_2)COOH$	$7.4\times10^{-3}(K_{a_1})$	2.13
			$4.9\times10^{-5}(K_{a_2})$	4.31
			$4.4\times10^{-10}(K_{a_3})$	9.358
32	正己酸	$CH_3(CH_2)_4COOH$	1.39×10^{-5}	4.86
33	异己酸	$(CH_3)_2CH(CH_2)_3—COOH$	1.43×10^{-5}	4.85
34	(*E*)-2-己烯酸	$CH_3(CH_2)_2CH=CHCOOH$	1.8×10^{-5}	4.74
35	(*E*)-3-己烯酸	$CH_3CH_2CH=CHCH_2COOH$	1.9×10^{-5}	4.72
36	己二酸	$HOOCCH_2CH_2CH_2CH_2COOH$	$3.8\times10^{-5}(K_{a_1})$	4.42
			$3.9\times10^{-6}(K_{a_2})$	5.41
37	柠檬酸	$HOOCCH_2C(OH)(COOH)CH_2COOH$	$7.4\times10^{-4}(K_{a_1})$	3.13
			$1.7\times10^{-5}(K_{a_2})$	4.76
			$4.0\times10^{-7}(K_{a_3})$	6.4
38	苯 酚	C_6H_5OH	1.1×10^{-10}	9.96
39	邻苯二酚	$(o)C_6H_4(OH)_2$	3.6×10^{-10}	9.45
			1.6×10^{-13}	12.8
40	间苯二酚	$(m)C_6H_4(OH)_2$	$3.6\times10^{-10}(K_{a_1})$	9.3
			$8.71\times10^{-12}(K_{a_2})$	11.06
41	对苯二酚	$(p)C_6H_4(OH)_2$	1.1×10^{-10}	9.96
42	2，4，6-三硝基苯酚	2，4，6-$(NO_2)_3C_6H_2OH$	5.1×10^{-1}	0.29
43	葡萄糖酸	$CH_2OH(CHOH)_4COOH$	1.4×10^{-4}	3.86
44	苯甲酸	C_6H_5COOH	6.3×10^{-5}	4.2
45	水杨酸	$C_6H_4(OH)COOH$	$1.05\times10^{-3}(K_{a_1})$	2.98
			$4.17\times10^{-13}(K_{a_2})$	12.38
46	邻硝基苯甲酸	$(o)NO_2C_6H_4COOH$	6.6×10^{-3}	2.18
47	间硝基苯甲酸	$(m)NO_2C_6H_4COOH$	3.5×10^{-4}	3.46
48	对硝基苯甲酸	$(p)NO_2C_6H_4COOH$	3.6×10^{-4}	3.44

续表

序号	名称	化学式	K_a	pK_a
49	邻苯二甲酸	$(o)C_6H_4(COOH)_2$	1.1×10^{-3} (K_{a_1})	2.96
			4.0×10^{-6} (K_{a_2})	5.4
50	间苯二甲酸	$(m)C_6H_4(COOH)_2$	2.4×10^{-4} (K_{a_1})	3.62
			2.5×10^{-5} (K_{a_2})	4.6
51	对苯二甲酸	$(p)C_6H_4(COOH)_2$	2.9×10^{-4} (K_{a_1})	3.54
			3.5×10^{-5} (K_{a_2})	4.46
52	1，3，5-苯三甲酸	$C_6H_3(COOH)_3$	7.6×10^{-3} (K_{a_1})	2.12
			7.9×10^{-5} (K_{a_2})	4.1
			6.6×10^{-6} (K_{a_3})	5.18
53	苯基六羧酸	$C_6(COOH)_6$	2.1×10^{-1} (K_{a_1})	0.68
			6.2×10^{-3} (K_{a_2})	2.21
			3.0×10^{-4} (K_{a_3})	3.52
			8.1×10^{-6} (K_{a_4})	5.09
			4.8×10^{-7} (K_{a_5})	6.32
			3.2×10^{-8} (K_{a_6})	7.49
54	癸二酸	$HOOC(CH_2)_8COOH$	2.6×10^{-5} (K_{a_1})	4.59
			2.6×10^{-6} (K_{a_2})	5.59
55	乙二胺四乙酸（EDTA）	$CH_2—N(CH_2COOH)_2$ | $CH_2—N(CH_2COOH)_2$	1.0×10^{-2} (K_{a_1})	2
			2.14×10^{-3} (K_{a_2})	2.67
			6.92×10^{-7} (K_{a_3})	6.16
			5.5×10^{-11} (K_{a_4})	10.26

（3）无机碱在水溶液中的解离常数（25℃）

序号	名称	化学式	K_b	pK_b
1	氢氧化铝	$Al(OH)_3$	1.38×10^{-9} (K_{b_3})	8.86
2	氢氧化银	AgOH	1.10×10^{-4}	3.96
3	氢氧化钙	$Ca(OH)_2$	3.72×10^{-3}	2.43
			3.98×10^{-2}	1.4
4	氨水	NH_3+H_2O	1.78×10^{-5}	4.75
5	肼（联氨）	$N_2H_4+H_2O$	9.55×10^{-7} (K_{b_1})	6.02
			1.26×10^{-15} (K_{b_2})	14.9
6	羟氨	NH_2OH+H_2O	9.12×10^{-9}	8.04
7	氢氧化铅	$Pb(OH)_2$	9.55×10^{-4} (K_{b_1})	3.02
			3.0×10^{-8} (K_{b_2})	7.52
8	氢氧化锌	$Zn(OH)_2$	9.55×10^{-4}	3.02

（4）有机碱在水溶液中的解离常数（25℃）

序号	名称	化学式	K_b	pK_b
1	甲胺	CH_3NH_2	4.17×10^{-4}	3.38
2	尿素（脲）	$CO(NH_2)_2$	1.5×10^{-14}	13.82
3	乙胺	$CH_3CH_2NH_2$	4.27×10^{-4}	3.37
4	乙醇胺	$H_2N(CH_2)_2OH$	3.16×10^{-5}	4.5

续表

序号	名称	化学式	K_b	pK_b
5	乙二胺	$H_2N(CH_2)_2NH_2$	8.51×10^{-5} (K_{b_1})	4.07
			7.08×10^{-8} (K_{b_2})	7.15
6	二甲胺	$(CH_3)_2NH$	5.89×10^{-4}	3.23
7	三甲胺	$(CH_3)_3N$	6.31×10^{-5}	4.2
8	三乙胺	$(C_2H_5)_3N$	5.25×10^{-4}	3.28
9	丙胺	$C_3H_7NH_2$	3.70×10^{-4}	3.432
10	异丙胺	i-$C_3H_7NH_2$	4.37×10^{-4}	3.36
11	1，3- 丙二胺	$NH_2(CH_2)_3NH_2$	2.95×10^{-4} (K_{b_1})	3.53
			3.09×10^{-6} (K_{b_2})	5.51
12	1，2- 丙二胺	$CH_3CH(NH_2)CH_2NH_2$	5.25×10^{-5} (K_{b_1})	4.28
			4.05×10^{-8} (K_{b_2})	7.393
13	三丙胺	$(CH_3CH_2CH_2)_3N$	4.57×10^{-4}	3.34
14	三乙醇胺	$(HOCH_2CH_2)_3N$	5.75×10^{-7}	6.24
15	丁胺	$C_4H_9NH_2$	4.37×10^{-4}	3.36
16	异丁胺	$C_4H_9NH_2$	2.57×10^{-4}	3.59
17	叔丁胺	$C_4H_9NH_2$	4.84×10^{-4}	3.315
18	己胺	$H(CH_2)_6NH_2$	4.37×10^{-4}	3.36
19	辛胺	$H(CH_2)_8NH_2$	4.47×10^{-4}	3.35
20	苯胺	$C_6H_5NH_2$	3.98×10^{-10}	9.4
21	苄胺	C_7H_9N	2.24×10^{-5}	4.65
22	环己胺	$C_6H_{11}NH_2$	4.37×10^{-4}	3.36
23	吡啶	C_5H_5N	1.48×10^{-9}	8.83
24	六亚甲基四胺	$(CH_2)_6N_4$	1.35×10^{-9}	8.87
25	2- 氯酚	C_6H_5ClO	3.55×10^{-6}	5.45
26	3- 氯酚	C_6H_5ClO	1.26×10^{-5}	4.9
27	4- 氯酚	C_6H_5ClO	2.69×10^{-5}	4.57
28	邻氨基苯酚	(o) $H_2NC_6H_4OH$	5.2×10^{-5}	4.28
			1.9×10^{-5}	4.72
29	间氨基苯酚	(m) $H_2NC_6H_4OH$	7.4×10^{-5}	4.13
			6.8×10^{-5}	4.17
30	对氨基苯酚	(p) $H_2NC_6H_4OH$	2.0×10^{-4}	3.7
			3.2×10^{-6}	5.5
31	邻甲苯胺	(o) $CH_3C_6H_4NH_2$	2.82×10^{-10}	9.55
32	间甲苯胺	(m) $CH_3C_6H_4NH_2$	5.13×10^{-10}	9.29
33	对甲苯胺	(p) $CH_3C_6H_4NH_2$	1.20×10^{-9}	8.92
34	8- 羟基喹啉（20℃）	8-HOC_9H_6N	6.5×10^{-5}	4.19
35	二苯胺	$(C_6H_5)_2NH$	7.94×10^{-14}	13.1
36	联苯胺	$H_2NC_6H_4C_6H_4NH_2$	5.01×10^{-10} (K_{b_1})	9.3
			4.27×10^{-11} (K_{b_2})	10.37

附录 2　金属 - 无机配位体配合物的稳定常数

序号	配位体	金属离子	配位体数目 n	$\lg\beta_n$
1	NH_3	Ag^{+}	1，2	3.24，7.05
		Au^{3+}	4	10.3
		Cd^{2+}	1，2，3，4，5，6	2.65，4.75，6.19，7.12，6.80，5.14
		Co^{2+}	1，2，3，4，5，6	2.11，3.74，4.79，5.55，5.73，5.11
		Co^{3+}	1，2，3，4，5，6	6.7，14.0，20.1，25.7，30.8，35.2
		Cu^{+}	1，2	5.93，10.86
		Cu^{2+}	1，2，3，4，5	4.31，7.98，11.02，13.32，12.86
		Fe^{2+}	1，2	1.4，2.2
		Hg^{2+}	1，2，3，4	8.8，17.5，18.5，19.28
		Mn^{2+}	1，2	0.8，1.3
		Ni^{2+}	1，2，3，4，5，6	2.80，5.04，6.77，7.96，8.71，8.74
		Pd^{2+}	1，2，3，4	9.6，18.5，26.0，32.8
		Pt^{2+}	6	35.3
		Zn^{2+}	1，2，3，4	2.37，4.81，7.31，9.46
2	Br^{-}	Ag^{+}	1，2，3，4	4.38，7.33，8.00，8.73
		Bi^{3+}	1，2，3，4，5，6	2.37，4.20，5.90，7.30，8.20，8.30
		Cd^{2+}	1，2，3，4	1.75，2.34，3.32，3.70，
		Ce^{3+}	1	0.42
		Cu^{+}	2	5.89
		Cu^{2+}	1	0.30
		Hg^{2+}	1，2，3，4	9.05，17.32，19.74，21.00
		In^{3+}	1，2	1.30，1.88
		Pb^{2+}	1，2，3，4	1.77，2.60，3.00，2.30
		Pd^{2+}	1，2，3，4	5.17，9.42，12.70，14.90
		Rh^{3+}	2，3，4，5，6	14.3，16.3，17.6，18.4，17.2
		Sc^{3+}	1，2	2.08，3.08
		Sn^{2+}	1，2，3	1.11，1.81，1.46
		Tl^{3+}	1，2，3，4，5，6	9.7，16.6，21.2，23.9，29.2，31.6
		U^{4+}	1	0.18
		Y^{3+}	1	1.32
3	Cl^{-}	Ag^{+}	1，2，4	3.04，5.04，5.30
		Bi^{3+}	1，2，3，4	2.44，4.7，5.0，5.6
		Cd^{2+}	1，2，3，4	1.95，2.50，2.60，2.80
		Co^{3+}	1	1.42
		Cu^{+}	2，3	5.5，5.7
		Cu^{2+}	1，2	0.1，-0.6
		Fe^{2+}	1	1.17
		Fe^{3+}	2	9.8
		Hg^{2+}	1，2，3，4	6.74，13.22，14.07，15.07
		In^{3+}	1，2，3，4	1.62，2.44，1.70，1.60

续表

序号	配位体	金属离子	配位体数目 n	$\lg\beta_n$
3	Cl^-	Pb^{2+}	1，2，3	1.42，2.23，3.23
		Pd^{2+}	1，2，3，4	6.1，10.7，13.1，15.7
		Pt^{2+}	2，3，4	11.5，14.5，16.0
		Sb^{3+}	1，2，3，4	2.26，3.49，4.18，4.72
		Sn^{2+}	1，2，3，4	1.51，2.24，2.03，1.48
		Tl^{3+}	1，2，3，4	8.14，13.60，15.78，18.00
		Th^{4+}	1，2	1.38，0.38
		Zn^{2+}	1，2，3，4	0.43，0.61，0.53，0.20
		Zr^{4+}	1，2，3，4	0.9，1.3，1.5，1.2
4	CN^-	Ag^+	2，3，4	21.1，21.7，20.6
		Au^+	2	38.3
		Cd^{2+}	1，2，3，4	5.48，10.60，15.23，18.78
		Cu^+	2，3，4	24.0，28.59，30.30
		Fe^{2+}	6	35.0
		Fe^{3+}	6	42.0
		Hg^{2+}	4	41.4
		Ni^{2+}	4	31.3
		Zn^{2+}	1，2，3，4	5.3，11.70，16.70，21.60
5	F^-	Al^{3+}	1，2，3，4，5，6	6.11，11.12，15.00，18.00，19.40，19.80
		Be^{2+}	1，2，3，4	4.99，8.80，11.60，13.10
		Bi^{3+}	1	1.42
		Co^{2+}	1	0.4
		Cr^{3+}	1，2，3	4.36，8.70，11.20
		Cu^{2+}	1	0.9
		Fe^{2+}	1	0.8
		Fe^{3+}	1，2，3，5	5.28，9.30，12.06，15.77
		Ga^{3+}	1，2，3	4.49，8.00，10.50
		Hf^{4+}	1，2，3，4，5，6	9.0，16.5，23.1，28.8，34.0，38.0
		Hg^{2+}	1	1.03
		In^{3+}	1，2，3，4	3.70，6.40，8.60，9.80
		Mg^{2+}	1	1.30
		Mn^{2+}	1	5.48
		Ni^{2+}	1	0.50
		Pb^{2+}	1，2	1.44，2.54
		Sb^{3+}	1，2，3，4	3.0，5.7，8.3，10.9
		Sn^{2+}	1，2，3	4.08，6.68，9.50
		Th^{4+}	1，2，3，4	8.44，15.08，19.80，23.20
		TiO^{2+}	1，2，3，4	5.4，9.8，13.7，18.0
		Zn^{2+}	1	0.78
		Zr^{4+}	1，2，3，4，5，6	9.4，17.2，23.7，29.5，33.5，38.3
6	I^-	Ag^+	1，2，3	6.58，11.74，13.68
		Bi^{3+}	1，4，5，6	3.63，14.95，16.80，18.80

续表

序号	配位体	金属离子	配位体数目 n	$\lg\beta_n$
6	I^-	Cd^{2+}	1，2，3，4	2.10，3.43，4.49，5.41
		Cu^{+}	2	8.85
		Fe^{3+}	1	1.88
		Hg^{2+}	1，2，3，4	12.87，23.82，27.60，29.83
		Pb^{2+}	1，2，3，4	2.00，3.15，3.92，4.47
		Pd^{2+}	4	24.5
		Tl^{+}	1，2，3	0.72，0.90，1.08
		Tl^{3+}	1，2，3，4	11.41，20.88，27.60，31.82
7	OH^-	Ag^{+}	1，2	2.0，3.99
		Al^{3+}	1，4	9.27，33.03
		As^{3+}	1，2，3，4	14.33，18.73，20.60，21.20
		Be^{2+}	1，2，3	9.7，14.0，15.2
		Bi^{3+}	1，2，4	12.7，15.8，35.2
		Ca^{2+}	1	1.3
		Cd^{2+}	1，2，3，4	4.17，8.33，9.02，8.62
		Ce^{3+}	1	4.6
		Ce^{4+}	1，2	13.28，26.46
		Co^{2+}	1，2，3，4	4.3，8.4，9.7，10.2
		Cr^{3+}	1，2，4	10.1，17.8，29.9
		Cu^{2+}	1，2，3，4	7.0，13.68，17.00，18.5
		Fe^{2+}	1，2，3，4	5.56，9.77，9.67，8.58
		Fe^{3+}	1，2，3	11.87，21.17，29.67
		Hg^{2+}	1，2，3	10.6，21.8，20.9
		In^{3+}	1，2，3，4	10.0，20.2，29.6，38.9
		Mg^{2+}	1	2.58
		Mn^{2+}	1，3	3.9，8.3
		Ni^{2+}	1，2，3	4.97，8.55，11.33
		Pa^{4+}	1，2，3，4	14.04，27.84，40.7，51.4
		Pb^{2+}	1，2，3	7.82，10.85，14.58
		Pd^{2+}	1，2	13.0，25.8
		Sb^{3+}	2，3，4	24.3，36.7，38.3
		Sc^{3+}	1	8.9
		Sn^{2+}	1	10.4
		Th^{3+}	1，2	12.86，25.37
		Ti^{3+}	1	12.71
		Zn^{2+}	1，2，3，4	4.40，11.30，14.14，17.66
		Zr^{4+}	1，2，3，4	14.3，28.3，41.9，55.3
8	NO_3^-	Ba^{2+}	1	0.92
		Bi^{3+}	1	1.26
		Ca^{2+}	1	0.28
		Cd^{2+}	1	0.40
		Fe^{3+}	1	1.0

续表

序号	配位体	金属离子	配位体数目 n	$\lg\beta_n$
8	NO_3^-	Hg^{2+}	1	0.35
		Pb^{2+}	1	1.18
		Tl^{+}	1	0.33
		Tl^{3+}	1	0.92
9	$P_2O_7^{4-}$	Ba^{2+}	1	4.6
		Ca^{2+}	1	4.6
		Cd^{3+}	1	5.6
		Co^{2+}	1	6.1
		Cu^{2+}	1，2	6.7，9.0
		Hg^{2+}	2	12.38
		Mg^{2+}	1	5.7
		Ni^{2+}	1，2	5.8，7.4
		Pb^{2+}	1，2	7.3，10.15
		Zn^{2+}	1，2	8.7，11.0
10	SCN^-	Ag^{+}	1，2，3，4	4.6，7.57，9.08，10.08
		Bi^{3+}	1，2，3，4，5，6	1.67，3.00，4.00，4.80，5.50，6.10
		Cd^{2+}	1，2，3，4	1.39，1.98，2.58，3.6
		Cr^{3+}	1，2	1.87，2.98
		Cu^{+}	1，2	12.11，5.18
		Cu^{2+}	1，2	1.90，3.00
		Fe^{3+}	1，2，3，4，5，6	2.21，3.64，5.00，6.30，6.20，6.10
		Hg^{2+}	1，2，3，4	9.08，16.86，19.70，21.70
		Ni^{2+}	1，2，3	1.18，1.64，1.81
		Pb^{2+}	1，2，3	0.78，0.99，1.00
		Sn^{2+}	1，2，3	1.17，1.77，1.74
		Th^{4+}	1，2	1.08，1.78
		Zn^{2+}	1，2，3，4	1.33，1.91，2.00，1.60
11	$S_2O_3^{2-}$	Ag^{+}	1，2	8.82，13.46
		Cd^{2+}	1，2	3.92，6.44
		Cu^{+}	1，2，3	10.27，12.22，13.84
		Fe^{3+}	1	2.10
		Hg^{2+}	2，3，4	29.44，31.90，33.24
		Pb^{2+}	2，3	5.13，6.35
12	SO_4^{2-}	Ag^{+}	1	1.3
		Ba^{2+}	1	2.7
		Bi^{3+}	1，2，3，4，5	1.98，3.41，4.08，4.34，4.60
		Fe^{3+}	1，2	4.04，5.38
		Hg^{2+}	1，2	1.34，2.40
		In^{3+}	1，2，3	1.78，1.88，2.36
		Ni^{2+}	1	2.4
		Pb^{2+}	1	2.75
		Pr^{3+}	1，2	3.62，4.92

续表

序号	配位体	金属离子	配位体数目 n	$\lg\beta_n$
12	SO_4^{2-}	Th^{4+}	1，2	3.32，5.50
		Zr^{4+}	1，2，3	3.79，6.64，7.77

附录3　标准电极电势

下表中所列的标准电极电势（25.0℃，101.325kPa）是相对于标准氢电极电势的值。标准氢电极电势被规定为零伏特（0.0V）。

序号	电极过程	$E^\ominus$/V
1	Ag^++e^-——Ag	0.7996
2	$Ag^{2+}+e^-$——Ag^+	1.98
3	$AgBr+e^-$——$Ag+Br^-$	0.0713
4	$AgBrO_3+e^-$——$Ag+BrO_3^-$	0.546
5	$AgCl+e^-$——$Ag+Cl^-$	0.222
6	$AgCN+e^-$——$Ag+CN^-$	−0.017
7	$Ag_2CO_3+2e^-$——$2Ag+CO_3^{2-}$	0.47
8	$Ag_2C_2O_4+2e^-$——$2Ag+C_2O_4^{2-}$	0.465
9	$Ag_2CrO_4+2e^-$——$2Ag+CrO_4^{2-}$	0.447
10	$AgF+e^-$——$Ag+F^-$	0.779
11	$Ag_4[Fe^-(CN)_6]+4e^-$——$4Ag+[Fe^-(CN)_6]^{4-}$	0.148
12	$AgI+e^-$——$Ag+I^-$	−0.152
13	$AgIO_3+e^-$——$Ag+IO_3^-$	0.354
14	$Ag_2MoO_4+2e^-$——$2Ag+MoO_4^{2-}$	0.457
15	$[Ag(NH_3)_2]^++e^-$——$Ag+2NH_3$	0.373
16	$AgNO_2+e^-$——$Ag+NO_2^-$	0.564
17	$Ag_2O+H_2O+2e^-$——$2Ag+2OH^-$	0.342
18	$2AgO+H_2O+2e^-$——Ag_2O+2OH^-	0.607
19	Ag_2S+2e^-——$2Ag+S^{2-}$	−0.691
20	$Ag_2S+2H^++2e^-$——$2Ag+H_2S$	−0.0366
21	$AgSCN+e^-$——$Ag+SCN^-$	0.0895
22	$Ag_2SeO_4+2e^-$——$2Ag+SeO_4^{2-}$	0.363
23	$Ag_2SO_4+2e^-$——$2Ag+SO_4^{2-}$	0.654
24	$Ag_2WO_4+2e^-$——$2Ag+WO_4^{2-}$	0.466
25	Al_3+3e^-——Al	−1.662
26	$AlF_6^{3-}+3e^-$——$Al+6F^-$	−2.069
27	$Al(OH)_3+3e^-$——$Al+3OH^-$	−2.31
28	$AlO_2^-+2H_2O+3e^-$——$Al+4OH^-$	−2.35
29	$Am^{3+}+3e^-$——Am	−2.048
30	$Am^{4+}+e^-$——Am^{3+}	2.6

续表

序号	电极过程	$E^{\ominus}/V$
31	$AmO_2^{2+}+4H^{+}+3e^{-}$——$Am^{3+}+2H_2O$	1.75
32	$As+3H^{+}+3e^{-}$——AsH_3	−0.608
33	$As+3H_2O+3e^{-}$——AsH_3+3OH^{-}	−1.37
34	$As_2O_3+6H^{+}+6e^{-}$——$2As+3H_2O$	0.234
35	$HAsO_2+3H^{+}+3e^{-}$——$As+2H_2O$	0.248
36	$AsO_2^{-}+2H_2O+3e^{-}$——$As+4OH^{-}$	−0.68
37	$H_3AsO_4+2H^{+}+2e^{-}$——$HAsO_2+2H_2O$	0.56
38	$AsO_4^{3-}+2H_2O+2e^{-}$——$AsO_2^{-}+4OH^{-}$	−0.71
39	$AsS_2^{-}+3e^{-}$——$As+2S^{2-}$	−0.75
40	$AsS_4^{3-}+2e^{-}$——$AsS_2^{-}+2S^{2-}$	−0.6
41	$Au^{+}+e^{-}$——Au	1.692
42	$Au^{3+}+3e^{-}$——Au	1.498
43	$Au^{3+}+2e^{-}$——Au^{+}	1.401
44	$AuBr_2^{-}+e^{-}$——$Au+2Br^{-}$	0.959
45	$AuBr_4^{-}+3e^{-}$——$Au+4Br^{-}$	0.854
46	$AuCl_2^{-}+e^{-}$——$Au+2Cl^{-}$	1.15
47	$AuCl_4^{-}+3e^{-}$——$Au+4Cl^{-}$	1.002
48	$AuI+e^{-}$——$Au+I^{-}$	0.5
49	$Au(SCN)_4^{-}+3e^{-}$——$Au+4SCN^{-}$	0.66
50	$Au(OH)_3+3H^{+}+3e^{-}$——$Au+3H_2O$	1.45
51	$BF_4^{-}+3e^{-}$——$B+4F^{-}$	−1.04
52	$H_2BO_3^{-}+H_2O+3e^{-}$——$B+4OH^{-}$	−1.79
53	$B(OH)_3+7H^{+}+8e^{-}$——$BH_4^{-}+3H_2O$	−0.0481
54	$Ba^{2+}+2e^{-}$——Ba	−2.912
55	$Ba(OH)_2+2e^{-}$——$Ba+2OH^{-}$	−2.99
56	$Be^{2+}+2e^{-}$——Be	−1.847
57	$Be_2O_3^{2-}+3H_2O+4e^{-}$——$2Be+6OH^{-}$	−2.63
58	$Bi^{+}+e^{-}$——Bi	0.5
59	$Bi^{3+}+3e^{-}$——Bi	0.308
60	$BiCl_4^{-}+3e^{-}$——$Bi+4Cl^{-}$	0.16
61	$BiOCl+2H^{+}+3e^{-}$——$Bi+Cl^{-}+H_2O$	0.16
62	$Bi_2O_3+3H_2O+6e^{-}$——$2Bi+6OH^{-}$	-0.46
63	$Bi_2O_4+4H^{+}+2e^{-}$——$2BiO++2H_2O$	1.593
64	$Bi_2O_4+H_2O+2e^{-}$——$Bi_2O_3+2OH^{-}$	0.56
65	Br_2（水溶液，aq）$+2e^{-}$——$2Br^{-}$	1.087
66	Br_2（液体）$+2e^{-}$——$2Br^{-}$	1.066
67	$BrO^{-}+H_2O+2e^{-}$——$Br^{-}+2OH$	0.761
68	$BrO_3^{-}+6H^{+}+6e^{-}$——$Br^{-}+3H_2O$	1.423
69	$BrO_3^{-}+3H_2O+6e^{-}$——$Br^{-}+6OH^{-}$	0.61
70	$2BrO_3^{-}+12H^{+}+10e^{-}$——$Br_2+6H_2O$	1.482
71	$HBrO+H^{+}+2e^{-}$——$Br^{-}+H_2O$	1.331
72	$2HBrO+2H^{+}+2e^{-}$——Br_2（水溶液，aq）$+2H_2O$	1.574

续表

序号	电极过程	$E^{\ominus}/V$
73	$CH_3OH+2H^++2e^-$——CH_4+H_2O	0.59
74	$HCHO+2H^++2e^-$——CH_3OH	0.19
75	$CH_3COOH+2H^++2e^-$——CH_3CHO+H_2O	-0.12
76	$(CN)_2+2H^++2e^-$——$2HCN$	0.373
77	$(CNS)_2+2e^-$——$2CNS^-$	0.77
78	$CO_2+2H^++2e^-$——$CO+H_2O$	−0.12
79	$CO_2+2H^++2e^-$——$HCOOH$	−0.199
80	$Ca^{2+}+2e^-$——Ca	−2.868
81	$Ca(OH)_2+2e^-$——$Ca+2OH^-$	-3.02
82	$Cd^{2+}+2e^-$——Cd	−0.403
83	$Cd^{2+}+2e^-$——$Cd(Hg)$	−0.352
84	$Cd(CN)_4^{2-}+2e^-$——$Cd+4CN^-$	−1.09
85	$CdO+H_2O+2e^-$——$Cd+2OH^-$	−0.783
86	$CdS+2e^-$——$Cd+S^{2-}$	−1.17
87	$CdSO_4+2e^-$——$Cd+SO_4^{2-}$	−0.246
88	$Ce^{3+}+3e^-$——Ce	−2.336
89	$Ce^{3+}+3e^-$——$Ce(Hg)$	−1.437
90	$CeO_2+4H^++e^-$——$Ce^{3+}+2H_2O$	1.4
91	Cl_2(气体)$+2e^-$——$2Cl^-$	1.358
92	$ClO^-+H_2O+2e^-$——Cl^-+2OH^-	0.89
93	$HClO+H^++2e^-$——Cl^-+H_2O	1.482
94	$2HClO+2H^++2e^-$——Cl_2+2H_2O	1.611
95	$ClO_2^-+2H_2O+4e^-$——Cl^-+4OH^-	0.76
96	$2ClO_3^-+12H^++10e^-$——Cl_2+6H_2O	1.47
97	$ClO_3^-+6H^++6e^-$——Cl^-+3H_2O	1.451
98	$ClO_3^-+3H_2O+6e^-$——Cl^-+6OH^-	0.62
99	$ClO_4^-+8H^++8e^-$——Cl^-+4H_2O	1.38
100	$2ClO_4^-+16H^++14e^-$——Cl_2+8H_2O	1.39
101	$Cm^{3+}+3e^-$——Cm	−2.04
102	$Co^{2+}+2e^-$——Co	−0.28
103	$[Co(NH_3)_6]^{3+}+e^-$——$[Co(NH_3)_6]^{2+}$	0.108
104	$[Co(NH_3)_6]^{2+}+2e^-$——$Co+6NH_3$	−0.43
105	$Co(OH)_2+2e^-$——$Co+2OH^-$	−0.73
106	$Co(OH)_3+e^-$——$Co(OH)_2+OH^-$	0.17
107	$Cr^{2+}+2e^-$——Cr	−0.913
108	$Cr^{3+}+e^-$——Cr^{2+}	−0.407
109	$Cr^{3+}+3e^-$——Cr	−0.744
110	$[Cr(CN)_6]^{3-}+e^-$——$[Cr(CN)_6]^{4-}$	−1.28
111	$Cr(OH)_3+3e^-$——$Cr+3OH^-$	−1.48
112	$Cr_2O_7^{2-}+14H^++6e^-$——$2Cr^{3+}+7H_2O$	1.232
113	$CrO_2^-+2H_2O+3e^-$——$Cr+4OH^-$	−1.2
114	$HCrO_4^-+7H^++3e^-$——$Cr^{3+}+4H_2O$	1.35

续表

序号	电极过程	$E^{\ominus}/V$
115	$CrO_4^{2-}+4H_2O+3e^-$——$Cr(OH)_3+5OH^-$	-0.13
116	Cs^++e^-——Cs	-2.92
117	Cu^++e^-——Cu	0.521
118	$Cu^{2+}+2e^-$——Cu	0.342
119	$Cu^{2+}+2e^-$——$Cu(Hg)$	0.345
120	$Cu^{2+}+Br^-+e^-$——$CuBr$	0.66
121	$Cu^{2+}+Cl^-+e^-$——$CuCl$	0.57
122	$Cu^{2+}+I^-+e^-$——CuI	0.86
123	$Cu^{2+}+2CN^-+e^-$——$[Cu(CN)_2]^-$	1.103
124	$CuBr_2^-+e^-$——$Cu+2Br^-$	0.05
125	$CuCl_2^-+e^-$——$Cu+2Cl^-$	0.19
126	$CuI_2^-+e^-$——$Cu+2I^-$	0
127	$Cu_2O+H_2O+2e^-$——$2Cu+2OH^-$	-0.36
128	$Cu(OH)_2+2e^-$——$Cu+2OH^-$	-0.222
129	$2Cu(OH)_2+2e^-$——$Cu_2O+2OH^-+H_2O$	-0.08
130	$CuS+2e^-$——$Cu+S^{2-}$	-0.7
131	$CuSCN+e^-$——$Cu+SCN^-$	-0.27
132	$Dy^{2+}+2e^-$——Dy	-2.2
133	$Dy^{3+}+3e^-$——Dy	-2.295
134	$Er^{2+}+2e^-$——Er	-2
135	$Er^{3+}+3e^-$——Er	-2.331
136	$Es^{2+}+2e^-$——Es	-2.23
137	$Es^{3+}+3e^-$——Es	-1.91
138	$Eu^{2+}+2e^-$——Eu	-2.812
139	$Eu^{3+}+3e^-$——Eu	-1.991
140	$F_2+2H^++2e^-$——$2HF$	3.053
141	$F_2O+2H^++4e^-$——H_2O+2F^-	2.153
142	$Fe^{2+}+2e^-$——Fe	-0.447
143	$Fe^{3+}+3e^-$——Fe	-0.037
144	$[Fe(CN)_6]^{3-}+e^-$——$[Fe(CN)_6]^{4-}$	0.358
145	$[Fe(CN)_6]^{4-}+2e^-$——$Fe+6CN^-$	-1.5
146	$FeF_6^{3-}+e^-$——$Fe^{2+}+6F^-$	0.4
147	$Fe(OH)_2+2e^-$——$Fe+2OH^-$	-0.877
148	$Fe(OH)_3+e^-$——$Fe(OH)_2+OH^-$	-0.56
149	$Fe_3O_4+8H^++2e^-$——$3Fe^{2+}+4H_2O$	1.23
150	$Fm^{3+}+3e^-$——Fm	-1.89
151	Fr^++e^-——Fr	-2.9
152	$Ga^{3+}+3e^-$——Ga	-0.549
153	$H_2GaO_3^-+H_2O+3e^-$——$Ga+4OH^-$	-1.29
154	$Gd^{3+}+3e^-$——Gd	-2.279
155	$Ge^{2+}+2e^-$——Ge	0.24
156	$Ge^{4+}+2e^-$——Ge^{2+}	0

续表

序号	电极过程	$E^{\ominus}$/V
157	$GeO_2+2H^++2e^-$——GeO（棕色）$+H_2O$	−0.118
158	$GeO_2+2H^++2e^-$——GeO（黄色）$+H_2O$	−0.273
159	$H_2GeO_3+4H^++4e^-$——$Ge+3H_2O$	−0.182
160	$2H^++2e^-$——H_2	0
161	H_2+2e^-——$2H^-$	−2.25
162	$2H_2O+2e^-$——H_2+2OH^-	−0.8277
163	$Hf^{4+}+4e^-$——Hf	−1.55
164	$Hg^{2+}+2e^-$——Hg	0.851
165	$Hg_2^{2+}+2e^-$——2Hg	0.797
166	$2Hg^{2+}+2e^-$——Hg_2^{2+}	0.92
167	$Hg_2Br_2+2e^-$——$2Hg+2Br^-$	0.1392
168	$HgBr_4^{2+}+2e^-$——$Hg+4Br^-$	0.21
169	$Hg_2Cl_2+2e^-$——$2Hg+2Cl^-$	0.2681
170	$2HgCl_2+2e^-$——$Hg_2Cl_2+2Cl^-$	0.63
171	$Hg_2CrO_4+2e^-$——$2Hg+CrO_4^{2-}$	0.54
172	$Hg_2I_2+2e^-$——$2Hg+2I^-$	−0.0405
173	$Hg_2O+H_2O+2e^-$——$2Hg+2OH^-$	0.123
174	$HgO+H_2O+2e^-$——$Hg+2OH^-$	0.0977
175	HgS（红色）$+2e^-$——$Hg+S^{2-}$	−0.7
176	HgS（黑色）$+2e^-$——$Hg+S^{2-}$	−0.67
177	$Hg_2(SCN)_2+2e^-$——$2Hg+2SCN^-$	0.22
178	$Hg_2SO_4+2e^-$——$2Hg+SO_4^{2-}$	0.613
179	$Ho^{2+}+2e^-$——Ho	−2.1
180	$Ho^{3+}+3e^-$——Ho	−2.33
181	I_2+2e^-——$2I^-$	0.5355
182	$I_3^-+2e^-$——$3I^-$	0.536
183	$2IBr+2e^-$——I_2+2Br^-	1.02
184	$ICN+2e^-$——I^-+CN^-	0.3
185	$2HIO+2H^++2e^-$——I_2+2H_2O	1.439
186	$HIO+H^++2e^-$——I^-+H_2O	0.987
187	$IO^-+H_2O+2e^-$——I^-+2OH^-	0.485
188	$2IO_3^-+12H^++10e^-$——I_2+6H_2O	1.195
189	$IO_3^-+6H^++6e^-$——I^-+3H_2O	1.085
190	$IO_3^-+2H_2O+4e^-$——IO^-+4OH^-	0.15
191	$IO_3^-+3H_2O+6e^-$——I^-+6OH^-	0.26
192	$2IO_3^-+6H_2O+10e^-$——I_2+12OH^-	0.21
193	$H_5IO_6+H^++2e^-$——$IO_3^-+3H_2O$	1.601
194	In^++e^-——In	−0.14
195	$In^{3+}+3e^-$——In	−0.338
196	$In(OH)_3+3e^-$——$In+3OH^-$	−0.99
197	$Ir^{3+}+3e^-$——Ir	1.156
198	$IrBr_6^{2-}+e^-$——$IrBr_6^{3-}$	0.99

续表

序号	电极过程	$E^{\ominus}/V$
199	$IrCl_6^{2-}+e^-$——$IrCl_6^{3-}$	0.867
200	K^++e^-——K	-2.931
201	$La^{3+}+3e^-$——La	-2.379
202	$La(OH)_3+3e^-$——$La+3OH^-$	-2.9
203	Li^++e^-——Li	-3.04
204	$Lr^{3+}+3e^-$——Lr	-1.96
205	$Lu^{3+}+3e^-$——Lu	-2.28
206	$Md^{2+}+2e^-$——Md	-2.4
207	$Md^{3+}+3e^-$——Md	-1.65
208	$Mg^{2+}+2e^-$——Mg	-2.372
209	$Mg(OH)_2+2e^-$——$Mg+2OH^-$	-2.69
210	$Mn^{2+}+2e^-$——Mn	-1.185
211	$Mn^{3+}+3e^-$——Mn	1.542
212	$MnO_2+4H^++2e^-$——$Mn^{2+}+2H_2O$	1.224
213	$MnO_4^-+4H^++3e^-$——MnO_2+2H_2O	1.679
214	$MnO_4^-+8H^++5e^-$——$Mn^{2+}+4H_2O$	1.507
215	$MnO_4^-+2H_2O+3e^-$——MnO_2+4OH^-	0.595
216	$Mn(OH)_2+2e^-$——$Mn+2OH^-$	-1.56
217	$Mo^{3+}+3e^-$——Mo	-0.2
218	$MoO_4^{2-}+4H_2O+6e^-$——$Mo+8OH^-$	-1.05
219	$N_2+2H_2O+6H^++6e^-$——$2NH_4OH$	0.092
220	$2NH_3OH^++H^++2e^-$——$N_2H_5^++2H_2O$	1.42
221	$2NO+H_2O+2e^-$——N_2O+2OH^-	0.76
222	$2HNO_2+4H^++4e^-$——N_2O+3H_2O	1.297
223	$NO_3^-+3H^++2e^-$——HNO_2+H_2O	0.934
224	$NO_3^-+H_2O+2e^-$——$NO_2^-+2OH^-$	0.01
225	$2NO_3^-+2H_2O+2e^-$——$N_2O_4+4OH^-$	-0.85
226	Na^++e^-——Na	-2.713
227	$Nb^{3+}+3e^-$——Nb	-1.099
228	$NbO_2+4H^++4e^-$——$Nb+2H_2O$	-0.69
229	$Nb_2O_5+10H^++10e^-$——$2Nb+5H_2O$	-0.644
230	$Nd^{2+}+2e^-$——Nd	-2.1
231	$Nd^{3+}+3e^-$——Nd	-2.323
232	$Ni^{2+}+2e^-$——Ni	-0.257
233	$NiCO_3+2e^-$——$Ni+CO_3^{2-}$	-0.45
234	$Ni(OH)_2+2e^-$——$Ni+2OH^-$	-0.72
235	$NiO_2+4H^++2e^-$——$Ni^{2+}+2H_2O$	1.678
236	$No^{2+}+2e^-$——No	-2.5
237	$No^{3+}+3e^-$——No	-1.2
238	$Np^{3+}+3e^-$——Np	-1.856
239	$NpO_2+H_2O+H^++e^-$——$Np(OH)_3$	-0.962
240	$O_2+4H^++4e^-$——$2H_2O$	1.229

续表

序号	电极过程	$E^{\ominus}/V$
241	$O_2+2H_2O+4e^-$——$4OH^-$	0.401
242	$O_3+H_2O+2e^-$——O_2+2OH^-	1.24
243	$Os^{2+}+2e^-$——Os	0.85
244	$OsCl_6^{3-}+e^-$——$Os^{2+}+6Cl^-$	0.4
245	$OsO_2+2H_2O+4e^-$——$Os+4OH^-$	−0.15
246	$OsO_4+8H^++8e^-$——$Os+4H_2O$	0.838
247	$OsO_4+4H^++4e^-$——OsO_2+2H_2O	1.02
248	$P+3H_2O+3e^-$——$PH_3(g)+3OH^-$	−0.87
249	$H_2PO_2^-+e^-$——$P+2OH^-$	−1.82
250	$H_3PO_3+2H^++2e^-$——$H_3PO_2+H_2O$	−0.499
251	$H_3PO_3+3H^++3e^-$——$P+3H_2O$	−0.454
252	$H_3PO_4+2H^++2e^-$——$H_3PO_3+H_2O^-$	−0.276
253	$PO_4^{3-}+2H_2O+2e^-$——$HPO_3^{2-}+3OH^-$	−1.05
254	$Pa^{3+}+3e^-$——Pa	−1.34
255	$Pa^{4+}+4e^-$——Pa	−1.49
256	$Pb^{2+}+2e^-$——Pb	−0.126
257	$Pb^{2+}+2e^-$——$Pb(Hg)$	−0.121
258	$PbBr_2+2e^-$——$Pb+2Br^-$	−0.284
259	$PbCl_2+2e^-$——$Pb+2Cl^-$	−0.268
260	$PbCO_3+2e^-$——$Pb+CO_3^{2-}$	−0.506
261	PbF_2+2e^-——$Pb+2F^-$	−0.344
262	PbI_2+2e^-——$Pb+2I^-$	−0.365
263	$PbO+H_2O+2e^-$——$Pb+2OH^-$	−0.58
264	$PbO+4H^++2e^-$——$Pb+H_2O$	0.25
265	$PbO_2+4H^++2e^-$——$Pb^{2}+2H_2O$	1.455
266	$HPbO_2^-+H_2O+2e^-$——$Pb+3OH^-$	−0.537
267	$PbO_2+SO_4^{2-}+4H^++2e^-$——$PbSO_4+2H_2O$	1.691
268	$PbSO_4+2e^-$——$Pb+SO_4^{2-}$	−0.359
269	$Pd^{2+}+2e^-$——Pd	0.915
270	$PdBr_4^{2-}+2e^-$——$Pd+4Br^-$	0.6
271	$PdO_2+H_2O+2e^-$——$PdO+2OH^-$	0.73
272	$Pd(OH)_2+2e^-$——$Pd+2OH^-$	0.07
273	$Pm^{2+}+2e^-$——Pm	−2.2
274	$Pm^{3+}+3e^-$——Pm	−2.3
275	$Po^{4+}+4e^-$——Po	0.76
276	$Pr^{2+}+2e^-$——Pr	−2
277	$Pr^{3+}+3e^-$——Pr	−2.353
278	$Pt^{2+}+2e^-$——Pt	1.18
279	$[PtCl_6]^{2-}+2e^-$——$[PtCl_4]^{2-}+2Cl^-$	0.68
280	$Pt(OH)_2+2e^-$——$Pt+2OH^-$	0.14
281	$PtO_2+4H^++4e^-$——$Pt+2H_2O$	1
282	$PtS+2e^-$——$Pt+S^{2-}$	−0.83

续表

序号	电极过程	$E^{\ominus}/V$
283	$Pu^{3+}+3e^-$——Pu	−2.031
284	$Pu^{5+}+e^-$——Pu^{4+}	1.099
285	$Ra^{2+}+2e^-$——Ra	−2.8
286	Rb^++e^-——Rb	−2.98
287	$Re^{3+}+3e^-$——Re	0.3
288	$ReO_2+4H^++4e^-$——$Re+2H_2O$	0.251
289	$ReO_4^-+4H^++3e^-$——ReO_2+2H_2O	0.51
290	$ReO_4^-+4H_2O+7e^-$——$Re+8OH^-$	−0.584
291	$Rh^{2+}+2e^-$——Rh	0.6
292	$Rh^{3+}+3e^-$——Rh	0.758
293	$Ru^{2+}+2e^-$——Ru	0.455
294	$RuO_2+4H^++2e^-$——$Ru^{2+}+2H_2O$	1.12
295	$RuO_4+6H^++4e^-$——$Ru(OH)_2^{2+}+2H_2O$	1.4
296	$S+2e^-$——S^{2-}	−0.476
297	$S+2H^++2e^-$——H_2S（水溶液，aq）	0.142
298	$S_2O_6^{2-}+4H^++2e^-$——$2H_2SO_3$	0.564
299	$2SO_3^{2-}+3H_2O+4e^-$——$S_2O_3^{2-}+6OH^-$	−0.571
300	$2SO_3^{2-}+2H_2O+2e^-$——$S_2O_4^{2-}+4OH^-$	−1.12
301	$SO_4^{2-}+H_2O+2e^-$——$SO_3^{2-}+2OH^-$	−0.93
302	$Sb+3H^++3e^-$——SbH_3	−0.51
303	$Sb_2O_3+6H^++6e^-$——$2Sb+3H_2O$	0.152
304	$Sb_2O_5+6H^++4e^-$——$2SbO^++3H_2O$	0.581
305	$SbO_3^-+H_2O+2e^-$——$SbO_2^-+2OH^-$	−0.59
306	$Sc^{3+}+3e^-$——Sc	−2.077
307	$Sc(OH)_3+3e^-$——$Sc+3OH^-$	−2.6
308	$Se+2e^-$——Se^{2-}	−0.924
309	$Se+2H^++2e^-$——H_2Se（水溶液，aq）	−0.399
310	$H_2SeO_3+4H^++4e^-$——$Se+3H_2O$	−0.74
311	$SeO_3^{2-}+3H_2O+4e^-$——$Se+6OH^-$	−0.366
312	$SeO_4^{2-}+H_2O+2e^-$——$SeO_3^{2-}+2OH^-$	0.05
313	$Si+4H^++4e^-$——SiH_4（气体）	0.102
314	$Si+4H_2O+4e^-$——SiH_4+4OH^-	−0.73
315	$SiF_6^{2-}+4e^-$——$Si+6F^-$	−1.24
316	$SiO_2+4H^++4e^-$——$Si+2H_2O$	−0.857
317	$SiO_3^{2-}+3H_2O+4e^-$——$Si+6OH^-$	−1.697
318	$Sm^{2+}+2e^-$——Sm	−2.68
319	$Sm^{3+}+3e^-$——Sm	−2.304
320	$Sn^{2+}+2e^-$——Sn	−0.138
321	$Sn^{4+}+2e^-$——Sn^{2+}	0.151
322	$SnCl_4^{2-}+2e^-$——$Sn+4Cl^-$（1mol/L HCl）	−0.19
323	$SnF_6^{2-}+4e^-$——$Sn+6F^-$	−0.25
324	$Sn(OH)_3^-+3H^++2e^-$——$Sn^{2+}+3H_2O$	0.142

续表

序号	电极过程	$E^{\ominus}/V$
325	$SnO_2+4H^++4e^-$——$Sn+2H_2O$	−0.117
326	$Sn(OH)_6^{2-}+2e^-$——$HSnO_2^-+3OH^-+H_2O$	−0.93
327	$Sr^{2+}+2e^-$——Sr	−2.899
328	$Sr^{2+}+2e^-$——$Sr(Hg)$	−1.793
329	$Sr(OH)_2+2e^-$——$Sr+2OH^-$	−2.88
330	$Ta^{3+}+3e^-$——Ta	−0.6
331	$Tb^{3+}+3e^-$——Tb	−2.28
332	$Tc^{2+}+2e^-$——Tc	0.4
333	$TcO_4^-+8H^++7e^-$——$Tc+4H_2O$	0.472
334	$TcO_4^-+2H_2O+3e^-$——TcO_2+4OH^-	−0.311
335	$Te+2e^-$——Te^{2-}	−1.143
336	$Te^{4+}+4e^-$——Te	0.568
337	$Th^{4+}+4e^-$——Th	−1.899
338	$Ti^{2+}+2e^-$——Ti	−1.63
339	$Ti^{3+}+3e^-$——Ti	−1.37
340	$TiO_2+4H^++2e^-$——$Ti^{2+}+2H_2O$	−0.502
341	$TiO^{2+}+2H^++e^-$——$Ti^{3+}+H_2O$	0.1
342	Tl^++e^-——Tl	−0.336
343	$Tl^{3+}+3e^-$——Tl	0.741
344	$Tl^{3+}+Cl^-+2e^-$——$TlCl$	1.36
345	$TlBr+e^-$——$Tl+Br^-$	−0.658
346	$TlCl+e^-$——$Tl+Cl^-$	−0.557
347	$TlI+e^-$——$Tl+I^-$	−0.752
348	$Tl_2O_3+3H_2O+4e^-$——$2Tl^++6OH^-$	0.02
349	$TlOH+e^-$——$Tl+OH^-$	−0.34
350	$Tl_2SO_4+2e^-$——$2Tl+SO_4^{2-}$	−0.436
351	$Tm^{2+}+2e^-$——Tm	−2.4
352	$Tm^{3+}+3e^-$——Tm	−2.319
353	$U^{3+}+3e^-$——U	−1.798
354	$UO_2+4H^++4e^-$——$U+2H_2O$	−1.4
355	$UO_2^++4H^++e^-$——$U^{4+}+2H_2O$	0.612
356	$UO_2^{2+}+4H^++6e^-$——$U+2H_2O$	−1.444
357	$V^{2+}+2e^-$——V	−1.175
358	$VO^{2+}+2H^++e^-$——$V^{3+}+H_2O$	0.337
359	$VO_2^++2H^++e^-$——$VO^{2+}+H_2O$	0.991
360	$VO_2^++4H^++2e^-$——$V^{3+}+2H_2O$	0.668
361	$V_2O_5+10H^++10e^-$——$2V+5H_2O$	−0.242
362	$W^{3+}+3e^-$——W	0.1
363	$WO_3+6H^++6e^-$——$W+3H_2O$	−0.09

续表

序号	电极过程	$E^{\ominus}$/V
364	$W_2O_5+2H^++2e^-$——$2WO_2+H_2O$	-0.031
365	$Y^{3+}+3e^-$——Y	-2.372
366	$Yb^{2+}+2e^-$——Yb	-2.76
367	$Yb^{3+}+3e^-$——Yb	-2.19
368	$Zn^{2+}+2e^-$——Zn	-0.7618
369	$Zn^{2+}+2e^-$——Zn（Hg）	-0.7628
370	$Zn(OH)_2+2e^-$——$Zn+2OH^-$	-1.249
371	$ZnS+2e^-$——$Zn+S^{2-}$	-1.4
372	$ZnSO_4+2e^-$——Zn（Hg）$+SO_4^{2-}$	-0.799

附录 4　难溶化合物的溶度积（18 ~ 25℃）

序号	分子式	K_{sp}	pK_{sp}（$-\lg K_{sp}$）	序号	分子式	K_{sp}	pK_{sp}（$-\lg K_{sp}$）
1	Ag_3AsO_4	1.0×10^{-22}	22.0	33	$BaCrO_4$	1.2×10^{-10}	9.93
2	AgBr	5.0×10^{-13}	12.3	34	$Ba_3(PO_4)_2$	3.4×10^{-23}	22.44
3	$AgBrO_3$	5.50×10^{-5}	4.26	35	$BaSO_4$	1.1×10^{-10}	9.96
4	AgCl	1.8×10^{-10}	9.75	36	BaS_2O_3	1.6×10^{-5}	4.79
5	AgCN	1.2×10^{-16}	15.92	37	$BaSeO_3$	2.7×10^{-7}	6.57
6	Ag_2CO_3	8.1×10^{-12}	11.09	38	$BaSeO_4$	3.5×10^{-8}	7.46
7	$Ag_2C_2O_4$	3.5×10^{-11}	10.46	39	$Be(OH)_2$	1.6×10^{-22}	21.8
8	$Ag_2Cr_2O_4$	1.2×10^{-12}	11.92	40	$BiAsO_4$	4.4×10^{-10}	9.36
9	$Ag_2Cr_2O_7$	2.0×10^{-7}	6.70	41	$Bi_2(C_2O_4)_3$	3.98×10^{-36}	35.4
10	AgI	8.3×10^{-17}	16.08	42	$Bi(OH)_3$	4.0×10^{-31}	30.4
11	$AgIO_3$	3.1×10^{-8}	7.51	43	$BiPO_4$	1.26×10^{-23}	22.9
12	AgOH	2.0×10^{-8}	7.71	44	$CaCO_3$	2.8×10^{-9}	8.54
13	Ag_2MoO_4	2.8×10^{-12}	11.55	45	$CaC_2O_4\cdot H_2O$	4.0×10^{-9}	8.4
14	Ag_3PO_4	1.4×10^{-16}	15.84	46	CaF_2	2.7×10^{-11}	10.57
15	Ag_2S	6.3×10^{-50}	49.2	47	$CaMoO_4$	4.17×10^{-8}	7.38
16	AgSCN	1.0×10^{-12}	12.00	48	$Ca(OH)_2$	5.5×10^{-6}	5.26
17	Ag_2SO_3	1.5×10^{-14}	13.82	49	$Ca_3(PO_4)_2$	2.0×10^{-29}	28.70
18	Ag_2SO_4	1.4×10^{-5}	4.84	50	$CaSO_4$	3.16×10^{-7}	5.04
19	Ag_2Se	2.0×10^{-64}	63.7	51	$CaSiO_3$	2.5×10^{-8}	7.60
20	Ag_2SeO_3	1.0×10^{-15}	15.00	52	$CaWO_4$	8.7×10^{-9}	8.06
21	Ag_2SeO_4	5.7×10^{-8}	7.25	53	$CdCO_3$	5.2×10^{-12}	11.28
22	$AgVO_3$	5.0×10^{-7}	6.3	54	$CdC_2O_4\cdot3H_2O$	9.1×10^{-8}	7.04
23	Ag_2WO_4	5.5×10^{-12}	11.26	55	$Cd_3(PO_4)_2$	2.5×10^{-33}	32.6
24	$Al(OH)_3$	4.57×10^{-33}	32.34	56	CdS	8.0×10^{-27}	26.1
25	$AlPO_4$	6.3×10^{-19}	18.24	57	CdSe	6.31×10^{-36}	35.2
26	Al_2S_3	2.0×10^{-7}	6.7	58	$CdSeO_3$	1.3×10^{-9}	8.89
27	$Au(OH)_3$	5.5×10^{-46}	45.26	59	CeF_3	8.0×10^{-16}	15.1
28	$AuCl_3$	3.2×10^{-25}	24.5	60	$CePO_4$	1.0×10^{-23}	23.0
29	AuI_3	1.0×10^{-46}	46.0	61	$Co_3(AsO_4)_2$	7.6×10^{-29}	28.12
30	$Ba_3(AsO_4)_2$	8.0×10^{-51}	50.1	62	$CoCO_3$	1.4×10^{-13}	12.84
31	$BaCO_3$	5.1×10^{-9}	8.29	63	CoC_2O_4	6.3×10^{-8}	7.2
32	BaC_2O_4	1.6×10^{-7}	6.79	64	$Co(OH)_2$（蓝）	6.31×10^{-15}	14.2

续表

序号	分子式	K_{sp}	pK_{sp} ($-\lg K_{sp}$)
64	$Co(OH)_2$（粉红，新沉淀）	1.58×10^{-15}	14.8
	$Co(OH)_2$（粉红，陈化）	2.00×10^{-16}	15.7
65	$CoHPO_4$	2.0×10^{-7}	6.7
66	$Co_3(PO_4)_3$	2.0×10^{-35}	34.7
67	$CrAsO_4$	7.7×10^{-21}	20.11
68	$Cr(OH)_3$	6.3×10^{-31}	30.2
69	$CrPO_4\cdot4H_2O$（绿）	2.4×10^{-23}	22.62
	$CrPO_4\cdot4H_2O$（紫）	1.0×10^{-17}	17.0
70	$CuBr$	5.3×10^{-9}	8.28
71	$CuCl$	1.2×10^{-6}	5.92
72	$CuCN$	3.2×10^{-20}	19.49
73	$CuCO_3$	2.34×10^{-10}	9.63
74	CuI	1.1×10^{-12}	11.96
75	$Cu(OH)_2$	4.8×10^{-20}	19.32
76	$Cu_3(PO_4)_2$	1.3×10^{-37}	36.9
77	Cu_2S	2.5×10^{-48}	47.6
78	Cu_2Se	1.58×10^{-61}	60.8
79	CuS	6.3×10^{-36}	35.2
80	$CuSe$	7.94×10^{-49}	48.1
81	$Dy(OH)_3$	1.4×10^{-22}	21.85
82	$Er(OH)_3$	4.1×10^{-24}	23.39
83	$Eu(OH)_3$	8.9×10^{-24}	23.05
84	$FeAsO_4$	5.7×10^{-21}	20.24
85	$FeCO_3$	3.2×10^{-11}	10.50
86	$Fe(OH)_2$	8.0×10^{-16}	15.1
87	$Fe(OH)_3$	4.0×10^{-38}	37.4
88	$FePO_4$	1.3×10^{-22}	21.89
89	FeS	6.3×10^{-18}	17.2
90	$Ga(OH)_3$	7.0×10^{-36}	35.15
91	$GaPO_4$	1.0×10^{-21}	21.0
92	$Gd(OH)_3$	1.8×10^{-23}	22.74
93	$Hf(OH)_4$	4.0×10^{-26}	25.4
94	Hg_2Br_2	5.6×10^{-23}	22.24
95	Hg_2Cl_2	1.3×10^{-18}	17.88
96	HgC_2O_4	1.0×10^{-7}	7.0
97	Hg_2CO_3	8.9×10^{-17}	16.05
98	$Hg_2(CN)_2$	5.0×10^{-40}	39.3
99	Hg_2CrO_4	2.0×10^{-9}	8.70
100	Hg_2I_2	4.5×10^{-29}	28.35
101	HgI_2	2.82×10^{-29}	28.55
102	$Hg_2(IO_3)_2$	2.0×10^{-14}	13.71
103	$Hg_2(OH)_2$	2.0×10^{-24}	23.7
104	$HgSe$	1.0×10^{-59}	59.0
105	HgS（红）	4.0×10^{-53}	52.4
106	HgS（黑）	1.6×10^{-52}	51.8
107	Hg_2WO_4	1.1×10^{-17}	16.96
108	$Ho(OH)_3$	5.0×10^{-23}	22.30
109	$In(OH)_3$	1.3×10^{-37}	36.9
110	$InPO_4$	2.3×10^{-22}	21.63
111	In_2S_3	5.7×10^{-74}	73.24
112	$La_2(CO_3)_3$	3.98×10^{-34}	33.4
113	$LaPO_4$	3.98×10^{-23}	22.43
114	$Lu(OH)_3$	1.9×10^{-24}	23.72
115	$Mg_3(AsO_4)_2$	2.1×10^{-20}	19.68
116	$MgCO_3$	3.5×10^{-8}	7.46
117	$MgCO_3\cdot3H_2O$	2.14×10^{-5}	4.67
118	$Mg(OH)_2$	1.8×10^{-11}	10.74
119	$Mg_3(PO_4)_2\cdot8H_2O$	6.31×10^{-26}	25.2
120	$Mn_3(AsO_4)_2$	1.9×10^{-29}	28.72
121	$MnCO_3$	1.8×10^{-11}	10.74
122	$Mn(IO_3)_2$	4.37×10^{-7}	6.36
123	$Mn(OH)_4$	1.9×10^{-13}	12.72
124	MnS（粉红）	2.5×10^{-10}	9.6
125	MnS（绿）	2.5×10^{-13}	12.6
126	$Ni_3(AsO_4)_2$	3.1×10^{-26}	25.51
127	$NiCO_3$	6.6×10^{-9}	8.18
128	NiC_2O_4	4.0×10^{-10}	9.4
129	$Ni(OH)_2$（新）	2.0×10^{-15}	14.7
130	$Ni_3(PO_4)_2$	5.0×10^{-31}	30.3
131	α-NiS	3.2×10^{-19}	18.5
132	β-NiS	1.0×10^{-24}	24.0
133	γ-NiS	2.0×10^{-26}	25.7
134	$Pb_3(AsO_4)_2$	4.0×10^{-36}	35.39

续表

序号	分子式	K_{sp}	pK_{sp} $(-\lg K_{sp})$	序号	分子式	K_{sp}	pK_{sp} $(-\lg K_{sp})$
135	$PbBr_2$	4.0×10^{-5}	4.41	167	SnSe	3.98×10^{-39}	38.4
136	$PbCl_2$	1.6×10^{-5}	4.79	168	$Sr_3(AsO_4)_2$	8.1×10^{-19}	18.09
137	$PbCO_3$	7.4×10^{-14}	13.13	169	$SrCO_3$	1.1×10^{-10}	9.96
138	$PbCrO_4$	2.8×10^{-13}	12.55	170	$SrC_2O_4\cdot H_2O$	1.6×10^{-7}	6.80
139	PbF_2	2.7×10^{-8}	7.57	171	SrF_2	2.5×10^{-9}	8.61
140	$PbMoO_4$	1.0×10^{-13}	13.0	172	$Sr_3(PO_4)_2$	4.0×10^{-28}	27.39
141	$Pb(OH)_2$	1.2×10^{-15}	14.93	173	$SrSO_4$	3.2×10^{-7}	6.49
142	$Pb(OH)_4$	3.2×10^{-66}	65.49	174	$SrWO_4$	1.7×10^{-10}	9.77
143	$Pb_3(PO_4)_3$	8.0×10^{-43}	42.10	175	$Tb(OH)_3$	2.0×10^{-22}	21.7
144	PbS	1.0×10^{-28}	28.00	176	$Te(OH)_4$	3.0×10^{-54}	53.52
145	$PbSO_4$	1.6×10^{-8}	7.79	177	$Th(C_2O_4)_2$	1.0×10^{-22}	22.0
146	PbSe	7.94×10^{-43}	42.1	178	$Th(IO_3)_4$	2.5×10^{-15}	14.6
147	$PbSeO_4$	1.4×10^{-7}	6.84	179	$Th(OH)_4$	4.0×10^{-45}	44.4
148	$Pd(OH)_2$	1.0×10^{-31}	31.0	180	$Ti(OH)_3$	1.0×10^{-40}	40.0
149	$Pd(OH)_4$	6.3×10^{-71}	70.2	181	TlBr	3.4×10^{-6}	5.47
150	PdS	2.03×10^{-58}	57.69	182	TlCl	1.7×10^{-4}	3.76
151	$Pm(OH)_3$	1.0×10^{-21}	21.0	183	Tl_2CrO_4	9.77×10^{-13}	12.01
152	$Pr(OH)_3$	6.8×10^{-22}	21.17	184	TlI	6.5×10^{-8}	7.19
153	$Pt(OH)_2$	1.0×10^{-35}	35.0	185	TlN_3	2.2×10^{-4}	3.66
154	$Pu(OH)_3$	2.0×10^{-20}	19.7	186	Tl_2S	5.0×10^{-21}	20.3
155	$Pu(OH)_4$	1.0×10^{-55}	55.0	187	$TlSeO_3$	2.0×10^{-39}	38.7
156	$RaSO_4$	4.2×10^{-11}	10.37	188	$UO_2(OH)_2$	1.1×10^{-22}	21.95
157	$Rh(OH)_3$	1.0×10^{-23}	23.0	189	$VO(OH)_2$	5.9×10^{-23}	22.13
158	$Ru(OH)_3$	1.0×10^{-36}	36.0	190	$Y(OH)_3$	8.0×10^{-23}	22.1
159	Sb_2S_3	1.5×10^{-93}	92.8	191	$Yb(OH)_3$	3.0×10^{-24}	23.52
160	ScF_3	4.2×10^{-18}	17.37	192	$Zn_3(AsO_4)_2$	1.3×10^{-28}	27.89
161	$Sc(OH)_3$	8.0×10^{-31}	30.1	193	$ZnCO_3$	1.4×10^{-11}	10.84
162	$Sm(OH)_3$	8.2×10^{-23}	22.08	194	$Zn(OH)_2$	2.09×10^{-16}	15.68
163	$Sn(OH)_2$	1.4×10^{-28}	27.85	195	$Zn_3(PO_4)_2$	9.0×10^{-33}	32.04
164	$Sn(OH)_4$	1.0×10^{-56}	56.0	196	α-ZnS	1.6×10^{-24}	23.8
165	SnO_2	3.98×10^{-65}	64.4	197	β-ZnS	2.5×10^{-22}	21.6
166	SnS	1.0×10^{-25}	25.0	198	$ZrO(OH)_2$	6.3×10^{-49}	48.2

参考文献

[1] 符明淳，王霞 . 分析化学 .2 版 . 北京 : 化学工业出版社，2015.

[2] 石慧，刘德秀 . 分析化学 .3 版 . 北京 : 化学工业出版社，2020.

[3] 付玉龙 . 分析化学 .3 版 . 大连 : 大连理工大学出版社，2015.

[4] 陈海燕，栾崇林，陈燕舞 . 化学分析 . 北京 : 化学工业出版社，2019.

[5] 尚华 . 化学分析技术 . 北京 : 化学工业出版社，2021.

[6] 周心如，杨俊佼，柯以侃 . 化验员读本（上册）化学分析 .5 版 . 北京 : 化学工业出版社，2017.

[7] 王宝仁 . 无机化学（理论篇）.5 版 . 大连 : 大连理工大学出版社，2023.